U0302003

行走北极

Walking in the Arctic

张树义 等 著

作者名单

张树义	李　磊	向格林
余思易	邓茜戈	谢琳萱
蒋函君	陈力铭	高　靖
沈泽源	张一苇	茅圣轩
张洛丹	袁青芮	张开河
鲜思纬	朱雯颖	王　典
周敦颐	张潇杨	姚昶任
胡慧珊	杜伯超	任午阳
沈天弘	吴　昆	李欣辰
张敬庭	姚俊嵘	陈恭懿
张　晰		

广西科学技术出版社

图书在版编目（CIP）数据

行走北极/张树义等著. —南宁：广西科学技术出版社，2014.5
ISBN 978-7-5551-0122-2

Ⅰ. ①行…… Ⅱ. ①张…… Ⅲ. ①北极—普及读物 Ⅳ.①P941.62-49

中国版本图书馆CIP数据核字（2014）第025777号

XINGZOU BEIJI
行走北极

作　　者：张树义等
责任编辑：蒋　伟　王滟明　　助理编辑：聂　青　曹红宝
封面设计：古涧文化·任　熙　　内文排版：古涧文化
责任校对：曾高兴　田　芳　　责任印制：陆　弟

出 版 人：韦鸿学
出版发行：广西科学技术出版社　　社　　址：广西南宁市东葛路66号
邮政编码：530022
电　　话：010-53202557（北京）　　传　　真：010-53202554（北京）
　　　　　0771-5845660（南宁）　　　　　　　0771-5878485（南宁）
网　　址：http://www.ygxm.cn　　在线阅读：http://www.ygxm.cn

经　　销：全国各地新华书店
印　　刷：北京尚唐印刷包装有限公司　　邮政编码：100162
地　　址：北京市大兴区西红门镇曙光民营企业园南8条1号
开　　本：710 mm × 980 mm　1/16
字　　数：100千字　　印　　张：13
版　　次：2014年5月第1版　　印　　次：2014年5月第1次印刷
书　　号：ISBN 978-7-5551-0122-2
定　　价：58.00元

CONTENTS

破冰船

前 言

Preface

如此遥远，却触手可及

北极，在不少人的想象中，一定是寒冷、荒芜、危险的。我说：不是这么简单的词就可以描绘北极的！

2013年7月26日，天气略有些闷热。一群来自成都、上海和北京的学生和老师，以及一些学生的家长，聚集在浦东国际机场。这是临行前的聚会和道别，因为其中的2位老师、31名中学生，将要踏上飞机，远赴北极进行小科考。

北极罂粟　胡慧珊 摄

除了我，两位老师中的另一位是成都七中的李磊老师。31名学生中，10名来自成都七中：陈恭懿、邓茜戈、蒋函君、向格林、鲜思纬、谢琳萱、袁青芮、张开河、张洛丹、张晰；7名来自上海华东师大二附中：陈力铭、胡慧珊、沈天弘、吴昆、姚昶任、张敬庭、张一苇；4名来自成都石室中学：王典、张潇杨、周敦颐、朱雯颖；4名来自上海延安中学：茅圣轩、沈泽源、余思易、姚俊嵘；1名来自上海复旦附中：李欣辰；1名来自北京四中：杜伯超；1名来自上地实验中学：高靖；1名来自北京第十三中学：任午阳。此外，还有两位上海的同学刘嘉懿和李岩，随同我们一同去北极。这里唯一需要单独注释一下的是：李磊老师跟向格林，是一对母女。

北极罂粟 周敦颐 绘

这些中学生去北极，不是简单的旅游，而是做一些小的科研课题。这是“中国科学探险协会”启动的一个非常成功和有特色的项目。这个国家一级协会曾组织过可可西里、塔克拉玛干、三江源头、南北极、东非大裂谷等很多大型科学考察。2012年暑期，我把这个项目从北京引到上海——带领华东师大二附中的7名同学、延安中学的1名同学和我本人的儿子到北极进行科考。上海的一些新闻媒体也对此进行了报道。在这些报道中，我最喜欢的是2012年8月《新民晚报》的一篇文章，题目是《高中生北极科考，收获许多第一次》。文章的开头和中间一段这样写道：

这是我们此次北极之行留下的珍贵合影，能遇到你们真好！　李磊 供图

“今年7月底，华东师范大学附属第二中学和延安中学8位学生组成了首个上海高中生北极科考队，来到地球北极，追寻科学的梦想。华师大二附中的丁宁是高二科技创新班的创新部长，她告诉记者：这次北极之旅是一场奇妙的体验之旅，我们每个人都带着课题而去，无论这个课题是否成功，都有很大的收获。”

“这些上海高中生出发前都做了很多的功课，并设计了一项针对北极的小课题。丁宁的课题是围绕极地微生物嗜冷菌在严寒环境下的适应能力展开的，因此，她在不同登陆地点采集了不少水样带回上海。而吴眉则盯上了北极罂粟，在5次登陆中，她共仔细观察了20多棵位于不同位置的罂粟，测量它们的温度。最后发现花蕊周边的温度通常会比花瓣附近的温度高2～3℃。吴眉希望通过了解北极花的构造，来探究它是如何在极地严寒环境中生存和吸收阳光的。”

事实上，华东师大二附中参加2012年北极科考的7名同学全部在上海中学生科技创新大赛中获奖，其中丁宁和吴眉获得了一等奖。

2012北极科考之后，我逐一地询问了参加科考的同学及其家长，几乎所有的家长都高度赞赏这次活动。于是，我决定把这个项目在华东师大二附中和延安中学继续下去。后来，一个毕业于华师大、在复旦附属中学任教的老师把这个项目介绍给她的学校，于是有李欣辰报名参加。再后来，成都七中的校长通过我的同事联系上我，希望他们学校能够参与到这个项目中，于是这个学校一下子来了10名同学和1名老师；成都石室中学的校领导也通过朋友联系到我，于是他们学校也有4名同学参加。

北京的3个同学则是通过友谊加入小科考团的：一位家长是我事业上的合作伙伴，3个家长之间是好朋友。

就在北极行程已定之际，北京的一个合作机构来求助：询问有两个在上海招募的队员能否随我们团同行。于是队伍中便增加了最后两个人：刘嘉懿和李岩。不过，让我吃了一惊的是：李岩竟然是一个只有12岁的小姑娘！

中学生去北极，很多人未必理解为什么，但我能！对很多学生来讲，北极之行可能会影响其一生！

梦幻般的北极，2012年，我们来过了；2013年，我们又来了！

三个问题

北极为什么没有企鹅

这要从企鹅的起源说起。它们的祖先最早就是在南半球出现的，全世界的18种企鹅，并非都栖息在南极大陆。事实上，南极大陆只有帝企鹅、王企鹅、阿德利企鹅、帽带企鹅等7种，而其余11种企鹅分布在南半球各大洲的海岸和沿海岛屿上。

事实上，在南极尚未披上冰甲之前，一些种类的企鹅就已经在那里定居了。随着南极气候变冷，那里的企鹅进化出抵御严寒、与冰雪抗争的习性。但有些种类的企鹅也随着寒流向北分布，在非洲能达到南纬17度，在大洋洲可达到南纬38度，个别种类甚至延伸到拉丁美洲的赤道附近。在南非南部的沿海岛屿，在澳大利亚的东南海岸和新西兰的西海岸，甚至在赤道附近厄瓜多尔的加拉帕戈斯群岛上，都有企鹅的踪迹。

北极燕鸥一生能在南北极之间往返几次

这个数学题很容易算：北极燕鸥在北极出生，当年就要随同父母飞往南极。它们的寿命一般为20年左右，所以，一只个体一生要在南北极之间往返大约20次！

为什么北极熊只分布在北极？全球气候变暖，北极熊是否会消失或灭绝

最新研究显示，现在所有的北极熊的祖先很可能来自最后一个冰河时期生活在爱尔兰的一只雌性棕熊，尽管大约20万年前由西伯利亚各个不同种群的棕熊就已经进化出其他支系的北极熊。所以，无论如何，北极熊的祖先都是在北半球高纬度地区的棕熊进化而来的，它们根本没机会抵达南半球。

关于北极熊是否会灭绝，答案是肯定的，世界上任何一个物种都会灭绝，只是早晚而已。至于是否随着全球气温升高、北极冰的融化而灭绝，那就难说了。因为第一，全球气候是否会长期变暖还是一个有争议的话题；第二，北极熊出现的时间并不长，是棕熊的近亲，如果北极冰真的不断融化，它们也有可能朝着适应陆地或海岸线的方向进化。

海边合影

从上海到奥斯陆

7月26日上午，浦东机场，将要随同我一起去北极科考的同学陆续抵达。上海和北京的同学大多有家长陪同。为了活跃一下刚见面还不认识的尴尬气氛，我让几个性格开朗的成都女生去结识一下来自北京的三个男生，其中任午阳和杜伯超虽然还没上高中，却都是一米八左右的大个子。十几分钟后，几个女生垂头丧气地回来说：“老师，我们真的搞不定，我们无论问什么，他们的回答都是嗯。”我听完就笑了。后来，杜伯超回忆这件事，原来是一场男生与女生的误会。

“

在等待换登机牌、托运行李的过程中，张老师让我们北京来的三个男生和成都的三个女生在五分钟之内成为好朋友。接受这个光荣的任务，面对着个子比我们矮、年龄比我们大的高中姐姐，我们三个面面相觑、抓耳挠腮、手足无措，不知作为英勇的男子汉，该如何做大方的开场白。幸好三位姐姐一上来就侃侃而谈，从自我介绍到倾诉彼此的学习压力。时间很快到了，张老师来验收我们的成果，知道她们对我们的评价是难以交流的时候，本来话就不多的我们彻底无语了。

”

十一点四十分，飞机准时地缓缓滑向跑道，随后冲向云霄。飞机上的时光，平淡无奇，我拿出助手帮我准备好的材料，预习未来几天要做的事情。将近6个小时之后，飞机抵达莫斯科国际机场。

此时的莫斯科机场，正是全世界瞩目的焦点，把美国闹得沸沸扬扬的反监控人士斯诺登还停留在此。但在我们所经过之处，波澜不惊，看不出任何异常。不过，就在这个机场，从莫斯科至奥斯陆的飞机起飞之前，我们的队伍发生了第一个状况：一个来自成都的女生，人上了飞机，背包却还留在刚刚歇息的座位上。还好，女空乘允许我和她一同跑出飞机，那个背包也还安然地待在座位上。

再飞行两个多小时，我们抵达奥斯陆国际机场。关于这个机场，来自延安中学的余思易感触颇多。

奥斯陆国际机场始建于1940年，坐落于挪威欧伦萨可区加勒穆恩，距离首都奥斯陆北方48公里处，是北欧航空的枢纽机场。

奥斯陆机场明显地有着北欧国家特有的风格。在候机大厅里，许多座椅、建筑装饰都是原木，这或许是因为挪威的森林覆盖率很高，木材普遍用于日常生活之中。奥斯陆机场里的免税店多是咖啡厅和超市，可能是源于挪威人慢条斯理的性格。机场有许多用玻璃结构建成的区域，则一定是挪威人珍惜阳光的表现。挪威首都机场最令人印象深刻的是镌刻在多处大理石上的一段诗句，有英语、挪威语、阿拉伯语，还有中文。

或许那里 冬尽春衰
又一个夏季 光阴又一载
我只坚信
终有一天你会归来
守着我的许诺
将你等待

后来，我知道了这是著名挪威戏剧家，诗人易卜生的诗。看到这首诗，是在不经意地走过时；匆匆地瞥到在大理石上的文字，怀着好奇的心去看了看。在异国的机场看到中文，感到很亲切。仔细读完后，一股强烈的情感从心头涌出。当人们从飞机上走下来，或是等待中转时，看到这样一段文字，会有怎样一种感触？！挪威人是多么有心，将这段诗文翻译成各种语言，打动各国人的心。

”

异国的一首中文诗　余思易 摄

出海关、取行李的速度都很慢。我突然接到一个看似奥斯陆当地的电话，尽管知道在国外接电话价格不菲，但猜想很可能是前来接站的导游打来的，还是快速按下接听键。果不其然，前来接机的女士焦急地询问，是不是出了什么问题。我告诉她，马上就出来了。终于，33人，带着行李，我们与导游会合，上了大巴。在车上，我总结了一天的行程，并告诫同学们：在路上不要喋喋不休地大声聊天，因为说话会分散注意力，容易被小偷下手。

傍晚，在奥斯陆的一家四川餐馆，吃了出国后的第一餐；八菜一汤，同学们还算开心。吃罢晚饭，入住Scandic宾馆，已经是当地的后半夜。困倦袭来，倒头便睡。

奥斯陆机场　胡慧珊 摄

02

第二天

Day2

参观维格兰雕塑公园，抵达地球最北的城市

第二天，我很早就醒来，出去溜达了一会儿，觉得没什么有趣的东西，就返回宾馆，上网、吃早餐。后来，听说另外几个同学早晨也出去了，而且有人看到了精彩的一幕。

“

奥斯陆的清晨是薄荷绿色的，尤其是有阳光的时候。大约六点，就和室友相约一起去街上走走。那时还有些晨露，混着北欧独有的、由于昼夜温差大而产生的氤氲雾气。这个时间马路上基本没有人，偶有零星晨练者慢慢地跑过。我们穿过干净整洁的路面，来到奥斯陆市中心的尽头，那是一处泊有许多大小船只的小海港。据说挪威人可以没有车，但一定要有一艘船，供他们在漫长的极夜驶向更远的北部看极光。同伴说真浪漫！我倒觉得，每个地区的人都有自己特殊的执着，对于挪威人，那便是对冒险与自然的热爱。海港前有一处大草坪，草坪接着细小白石的浅滩。我们继续向前，惊喜地发现下坡处有一大群鸟儿，在草坪上啄食；也有的在海湾边游泳嬉戏；还有的靠在较大的石块上假寐。惊喜之余，我们想走近些，毕

竟这是此行第一次看到的鸟群。这些鸟儿多数都戴着足环，却不是人工喂养的，因为胖瘦不太均匀。而且看到人类凑近，竟然也不惧怕，有的反而走到了我们身旁，好奇地张望着。特别是黑白相间的白颊黑雁（Barnacle Goose），叫声十分类似狗吠。另一种是欧绒鸭（Common Eider），它们比成群结队的黑雁更有小家庭意识，多是两只成鸟带着几只幼崽。欧绒鸭的翅膀下有一片黑色的羽毛，在太阳下会反射出蓝色的光芒。真庆幸我们是在温暖的夏季繁殖期来到这里，能看到这许多幼鸟。

”

挪威当地时间7月27日，吃过早餐，大家在大堂集合。第二个状况也接踵而至：一个男同学告诉我，昨晚在调换房间的时候，照相机遗忘在前一个房间里了。我于是马上跟前台沟通，还好，查房发现前一个晚上无人入住，相机顺利找回。

九点整，我们坐上大巴，去参观著名的维格兰（Vigeland）雕塑公园。

这个公园位于奥斯陆西北部，占地近50公顷，以挪威雕塑大师维格兰的名字命名；园内有192座裸体雕塑，共650个人物雕像。所有雕像都是由铜、铁或花岗岩精心制成，耗时20多年。

公园有一条850米的中轴线，依次是正门、石桥、喷泉、圆台阶和生死柱。石桥两侧各有29 座彼此对称的铜雕，喷泉四角各有5座树丛雕，四壁为浮雕，中央是托盘群雕，圆台阶周围是 36 座花岗岩石雕，中央高耸着生死柱。公园里所有的雕像都围绕一个主题——人的生与死。喷泉四壁的浮雕，就包含了婴儿出世、童年、少年、青年、壮年、老年，最后是死亡。树丛雕的四个角落则包含了活泼的儿童、奔放的青年、劳作的壮年和临终的老年。可以说，在这个公园里，无论是体格健壮的男子，还是苗条多姿的少女，每个人都一定能找到属于自己的那一个作品。

华东师大二附中的姚昶任说他最喜欢的是公园正中央的一个雕塑群，他这样描述道：

> “五个男人竭尽所能，伸展出自己的双臂，共同托起一个沉重的石盘，甚至有人将头也埋在了石盘之下。他们神态各异，有的深情遥望远方，有的怒目瞪视石盘。但在他们的脸上，无不充斥着奋力抗争，追逐光明，追求未来的希望；在他们的眼中，无不在诉说着绝不放弃，勇往直前的毅力与决心。这一座宏伟的雕塑，代表着人们由青春走向成年，由年轻走向成熟，肩上开始背负起一重又一重的责任。它也许将成为你的负担，但它同时也一定是你前进的动力。只有肩上背负着责任，只有心中对未来充满着希望，你才能拥有足够的力量，鼓起足够的勇气，去举起一切你想举起的，去克服一切你想克服的，去改变一切你想改变的。五个不同的人，他们却有着相同的目标，他们共同扛起了肩上的责任，共同向着自己的梦想迈进。扛起石盘的路一定是坎坷的，一定是艰辛的，但当真正举起了石盘，回望过去，所有的经历都变得美好，任何的艰苦都难以忘怀。人生在世，莫不是为了扛起肩上的责任，实现自己的梦想，追求梦中的未来。”

姚昶任和他喜欢的雕塑

一个16岁的中学生，这积极向上的心态，多好！

延安中学姚俊嵘的心情和感悟则有所不同。

“

我找到了属于自己的状态，我不知道雕塑的真名，也不知大师维格兰是否为其命名。引用周国平的书名《守望的距离》为这个雕塑取名，应该是很恰当的。这是两个人背靠背，仰起头，遥望远方，他们的表情栩栩如生，眼神中充满了期望，但也有一丝迷茫和害怕。我有点像他们一样，对未来感到害怕，但也充满憧憬。记得读过一篇文章，里面是这么说的：人要往抵抗力大的路走，就算是害怕，也要坚定地走下去。

”

参观完雕塑公园，我们直奔机场。已是中午时分，大家就在机场的航站楼吃了一顿Pizza。我顺便做了一个饮食小调查，结果是：只有一个重庆女生喜欢昨晚的川菜，其他人都更喜欢Pizza。

离开Pizza店，我带24人去办理登机，另外8个人由李磊老师率领返回奥斯陆。因为我们订机票的时候，当天飞往朗伊尔宾的飞机只有25个位置了。就在临出发之际，发生了第三个状况：一个上海的同学，把照相机遗忘在Pizza店里，庆幸被另一位同学捡到并交给我。

一点五十五分，飞机准时从奥斯陆机场起飞；两个多小时之后，抵达下一个目的地：特隆姆瑟（Tromsø）。这是挪威北部最大的城市，被群山、峡湾和群岛所环绕。这一地区早在冰河世纪晚期就有人居住，挪威人的祖先在公元890年前因维京人的迁徙把文化带到了这一地区。特隆姆瑟还有“北极之门”的别称，因为目前到斯瓦尔巴德，都必须经此地中转。

在转机中，我接到一个学生妈妈的短信："问一下我儿子什么情况，刚才在我的信用卡上刷了两次400元的现金，我们给他带了500欧元的现金呢。"我急忙找到那个同学，让他回复自己母亲的问题。我在手机上看到这样的回复："我不知道能不能用欧元，自己刷了400元，同学又借了400元。"我告诉同学们：如果你们对购物有任何不明白的问题，现在是你们练习英语的好时机，开口问服务生，他们可个个是老外。

随即登机，又出现第四个状况：北京的一位同学又把相机遗忘在候机大厅，好在我也有了经验，留在最后打扫战场，缴获了战利品。

傍晚九点钟，我们的飞机终于抵达了目的地：朗伊尔宾。一出机舱，就感受到巨大的寒气。尽管是盛夏，毕竟在北极圈里了。在行李领取处，又见到那头被制成标本的北极熊，依旧是那么干净、有神。

远眺海边的朗伊尔宾

胡慧珊和机场的熊标本合影

将要乘坐的“海精灵”号考察船派来一个美女接机。我们一行33人跟北京一个团队的一些学生上了同一辆大巴，直奔住所Guesthouse。在这里，房间很快分配完毕。过了不一会儿，却出现一个小插曲：两个同学来找我说，他们找到了自己的双人间，里面却有人先入住了。我于是扭头陪同他们去接待处，经过一番小周折，拿到了另一个房间的钥匙。当地的习惯，鞋子都脱在门口。房间很小，很干净，穿袜子走路不会脏，但脚板却有点凉。

这时再看表，已是晚上十点多钟。而且分配完房间之后，前台接待的人立刻就要离开了。向两个人一打听，都说整个城市此刻不会有任何店开门，也不会有任何餐馆开门。回到房间，跟我同住一室的高靖给了我一块压缩饼干，我尽管不喜欢吃饼干，但也只好聊以充饥了，好在这里水龙头的水是可以直接喝的。又累又困，倒下便睡着了。

后来，我听到一个消息：当天晚上，十四名同学“夜袭”朗伊尔宾，竟然找到了吃的。后来，“夜袭”活动的发起人陈力铭是这样回顾的：

“

下了飞机，已是当地时间晚九点，不习惯极昼的我毫无睡意。另一方面，旅途的劳顿，让本就空空如也的肚子更加激烈地抗议起来。于是，在和室友打好招呼后，我打算出去找点吃的。

朗伊尔宾是个人烟稀少的寂寥小海湾，马路上只有稀疏的路灯和树的影子，路边的苔藓和小草都低头沉默着。远望，是山，铅灰色的大小石块、深褐色的矿井和黑色的裸煤矿，甚至连两座山间夹着的冰川都蒙了一层暗色。再远处，是冷蓝的大海。这时，我心中不由升起一份恐惧来，它不是莫名的，是冲着那份孤寂去的，又奔着这旷野而来。走出了十分钟，回望却只是一段短短的柏油马路，冷气沁着鼻孔酸疼得很。我便想，回去吧，至少宿舍能挡住这阴沉的天和凉意。想着，忽发觉远处岔路口有几个橙色的点，身后又夹着呼喊声跑来了几个人，大家都不约而同地出来寻找食物了。真庆幸，我们的队服是橙色，好辨认，真温暖，仿佛觉得不那么冷了。

来的几个同伴，有认识的，也有不认识的；有四川的，也有上海的。但我们很快便笑闹在一起，即使当时并不能叫出每个人的名字。我们甚至用歌声来驱散寒冷，男生们更是摩拳擦掌，把唱得最高声的沈泽源同学抬了起来。顿时，景色并无二致的路鲜活了起来，又仿佛缩短了，几番问路也没有想象中的那么艰难。老天不负有心人，我们终于在这荒郊野地找到了一家仍在营业的饭馆。

至今仍觉得那是这次北极之旅吃得最香的一顿，即使它真的只是牛肉汉堡。我们十几号人挤在一个小铺子里，看着体育比赛的直播，享受着暖气和白炽灯。当看到孙杨出场时，大家的欢呼甚至吓到了店员。大概这是出行以来第一次觉得，我们是中国人、一个团队、一个集体、一个大家庭。

”

再后来，我又听说，成都七中的张开河和鲜思纬甚至在这个晚上见到了北极狐。他们这样写道：

“

到达朗伊尔宾后，虽然日光依然明亮，但已是很晚。我们被告知此时的小城已经没有餐馆营业了。但好吃的我们并没有放弃，谋划“夜袭”朗伊尔宾。就这样，觅食小分队十四人浩浩荡荡地出发了。搜索了半个钟头之后，终于找到一家小店，饱餐了一顿。略作休息后，大家决定尽快回去睡觉，因为已经凌晨了。在回程中有一个小岔路，我们俩觉得那条路要近一些，于是便脱离了大部队。他们十二人当时都不认可我俩的方案，但如果他们知道后来发生了什么，相信都一定会跟过来。

岔路确实比大路更近，但要崎岖得多。我正觉得走大路或许是个更好的选择时，一个小小的白色的身影闯入了我们的视线。它的突然出现让我们愣了一下，因为我们怎么也想不明白为什么这里会有体型如此娇小的狗一般的动物出现，而且是半夜的野外。它似乎也为看到我们而吃了一惊，机灵的眼睛飞快地看了过来，警惕地盯着我们看了一眼，似乎觉得我们很危险，于是飞快地蹿进了不远处房屋之间的空隙，消失了。这时我们才回过神来，后来查看北极狐的照片，证实了我们看到的就是它——北极狐！

”

对于这初来乍到的朗伊尔宾，延安中学的余思易的一段感性、知识化的描述则是偏重于历史的。

“

朗伊尔宾非常小，码头、煤矿、城市给人一种开发中的偏远乡村的感觉。这里的建筑都不与地面接触，以便保温。这里的夏天有极昼现象，天从来不黑。整个城市的一端到另一端，半个多小时就可走完，一边是海，另一边是冰川。从酒店到市中心大概二十多分钟路程。我在市中心的街道上见到一尊矿工的雕像，这让我想起斯瓦尔巴德群岛的历史——1800年捕鲸业衰退后，该群岛的主要经济活动是采煤。到了20世纪初，美、英、挪威、瑞典、荷兰与俄国等多国的公司纷纷开始勘测煤藏量，并要求取得矿产所有权。1920年签订的条约决定该群岛的主权归属挪威，矿权则为签约国平等享有，目前只有俄罗斯和挪威仍在该群岛继续采煤。该模式被后人称为斯瓦尔巴德模式，是国际上解决争端的典型范例。

”

注：斯瓦尔巴德意为寒冷海岸

朗伊尔宾的标志性雕塑——煤矿工

朗伊尔宾山上，还留着很多煤矿的废墟

27

Day2

参观维格兰雕塑公园，
抵达地球最北的城市

03

第三天

Day3

登上“海精灵”号考察船

7月28日，我一大早便去填饱有些饿了的肚子。在餐厅，又听到两个消息：第一，成都一位同学的背包遗忘在大巴上了；第二，一位北京同学的手机丢了。我知道在这个地球上最北端的小城市，是不会丢东西的，但仍跟同学们开玩笑说：要是有人一直跟在我们这支队伍后面，已经收获上万元的战利品了。

中午十一点，我们按照要求把行李安置在宾馆接待处的门口，随后到城市中心去吃饭。这里很多年从未发生过偷盗事件，所以行李放在哪里都安全。沿途，我们见到一片一片的北极棉（*Eriophorum scheuchzeri*），就绽放在路边的溪流处。白色的花絮，在寒冷的北极地区，十分夺目。延安中学的茅圣轩这样描绘这些植物：

“

来北极之前，我一直坚定地要做土壤的课题，因为我对有机微生物很感兴趣。但当我看到这一小片洁白无瑕的北极棉在风中飘摇时，我感到后悔莫及。那北极棉虽不说拥有多么华丽的身姿，但在这滴水成冰的地域，它们居然能够在这凛冽寒风中摇曳自如，这是何等坚强的生命力！

就当我陶醉在这雪白世界之际，我的肩膀被触碰了一下，霎时一惊。扭过头，一位面带友善微笑的朗伊尔宾人也正看着这片雪白的珍珠。我的内心突然有一丝小小的紧张与矜持闪过：我可是从来不敢和外国人交流。还没等我反应过来，那位老外先开了口：“It’s beautiful, isn’t it ?”顿时，我内心的冰块似乎融化了，便随即放开笑容：“Of course！It’s one of the most beautiful flowers I have seen！I love it very much!” 瞬时，

北极棉随风摇曳

我心中对异国沟通的隔阂就因这一小片北极棉而打开了。随后，我也毫不羞涩地问了几个我迫不及待想了解的问题。这小小的北极棉究竟是怎么在这冰天雪地中生存的？他对我说他也不是十分清楚。这更坚定了我想知道这个秘密的信念，要是哪一天遇到植物学家，我一定会问个究竟。

事至此，也许该结束了。但没想到，我做了一件令自己后悔万分的事情。也许是过于喜欢它的外形，我头脑一热，拔下了一株北极棉想回去做

标本。但拔下来的一刹那，我后悔了。每一个人都有自己生存的权利，每一株花也都有。我居然因为自己一时冲动，而随手结束了一只小小精灵的生命。周围的同学也对此感到不解："你为什么把它拔下来？"我支支吾吾说不出话，但是这一刻，我的反思涌上心头：以后再也不能这样做了！它们那抵御寒风的外套受到的应该不仅仅是我们欣赏的目光，更应该受到我们发自内心的尊重与保护。

”

面对这腼腆少年的一时冲动，我的理解是：能意识到自己该做和不该做的，就是成长。

按照地接公司给我们的安排，我们找到CROA餐厅，就是去年吃Pizza的那一家。我十分喜欢这家餐馆古色古香的布置。每人一个大Pizza，孩子们吃得兴高采烈。吃到差不多的时候，我告诉同学们可以出去溜达或购物，我帮大家照看行李，顺便上网跟几个同学的家长在QQ上聊聊孩子们的情况。不难想象，把孩子放飞到这么远的地方，每个爸爸妈妈都会惦记的。

我喜欢CROA古朴的风格

三点钟，成都七中的李磊老师带领另外7个同学跟我们会合，我悬着的心放了下来。

四点钟，我们准时在距离CR OA餐厅两分钟路程的市中心广场集合，乘坐前来接应的巴士上船。聚集在一起，就要上船了，我安排两个同学查点人数，竟然是31。我顿时紧张起来，让同学们排好队，我和李磊老师轮流地一个一个地数。原来是人们不停地动来动去，两个同学未能数准确。松了一口气，大家鱼贯而入地上了船。按照事先分好的船舱，同学们两个或者三个组合地拿着自己房间的门卡。

"海精灵"的标志

舒适安稳的海精灵　胡慧珊 摄

船起航了，我收到来自国内的最后一条消息，是鲜思纬的妈妈让我转给她儿子的："祝一路平安，旅途愉快！把一路的风景记下，把一路的欢笑记下；把一路迸发的偶然灵感记下，把一路观测的数据记下。祝愿你们满载而归！"

到了自己的房间，我快速地扫视了一下未来几天将要在此生活的小"家"。"海精灵"比去年乘坐的Ortelius要漂亮和舒适多了。房间很宽阔，大大的沙发床，床头是一个一个小格子镶嵌的玻璃背板，家具都是红木的颜色，

我房间的阳台

很明亮，床的一侧是跟墙壁一体化的办公桌，正对面还有沙发和电视柜。可以说，就房间的舒适程度来讲，如果Ortelius是连锁旅店的话，“海精灵”则接近五星级宾馆。我相信那些第一次上船旅行的同学，感觉一定更开心。

果然，华东师大二附中的沈天弘后来这样写道：

"

激动人心的登船时间终于到来了。很多人第一次登上这么大的船，更不用说在船上过夜的经历了。对航海一无所知的我也能看出这是一艘很先进的船：蓝色的船身与白色的各种建筑显得极为漂亮，船尾放置的黑色橡皮艇表明了它探险的身份，船顶上还装有好几个功能各异的雷达。同学们立即拿出相机对着它的各个角落拍个不停，兴奋之情难以言表。沿着舷梯走进船舱，便立即有侍者送上热毛巾和饮料。船舱内部装修的豪华与朗伊尔宾城市给我的简单质朴的印象截然不同：地上铺着柔软的地毯，每一个角落都有精细的装饰，造型考究的灯散发出柔和的光。来到房间，大件托运的行李已经摆在了里面。房间很大，沙发、办公桌、浴室一应俱全，让人几乎不敢相信这是在船上。打开衣橱，里面有两件救生衣。这一定会是一个舒适、安全的旅程！我对自己说。

"

五点钟，我们在三层会议室第一次集合。总领队Woody介绍了一些生活和安全等方面的注意事项，与我们相关的一些人员，主要是领队和一个女医生，也作了自我介绍。我这时的第二感受是，跟Ortelius相比，这些领队的科研背景稍显逊色。随即，考察船给每人发了一件亮黄颜色的冲锋衣，用手一摸就知道，很暖和。

紧接着是救生演练。我们到了四层的会议室。讲解之后，响起了七短一长的警报声，大家便随着引导员鱼贯走到船外的甲板上。如果有紧急情况发生，救生船便会被放到海里，帮助人们逃生。

傍晚七点半，船上的第一顿晚餐，我跟李磊老师及其女儿坐在一桌。我点了海鲜汤、色拉、鱼配米饭、冰淇淋，李老师的女儿竟然还搞来一碗大米粥。我对吃一向不是十分热衷，快速吃完便回到房间休息了。

领队飒爽英姿

04

第四天

Day4

见到那只趴下的北极熊，首访冰川

7月29日，清晨两点钟，我便醒来。打开窗帘和玻璃门向外张望，因为这里是极昼，天依旧是大亮的。除了几只短鼻鳠，竟然看到一只漂亮的海鹦（Puffin）从船边飞过。

洗了一个舒服的温水澡，顺便清理了从上海出发到登船之前穿过的衣服，准备下一步工作的设备。我这时才突然发现，携带的照相机的充电器跟相机是不配套的。最近太忙，竟然犯了这么低级的错误！幸好我还携带了一个小相机，不至于太尴尬。后来，幸亏沈天弘借了我一个充电器，解决了我的困难。

在船上允许进入的各个地方溜达了一圈儿，又到四层的咖啡吧喝了两杯茶，看了一会儿书；困意重新席卷而来，于是便回到房间睡个回笼觉。

将近七点钟，再次醒来，下到四层的会议室，遇见给我们做地接的宏达国旅副总经理余菲以及首都师范大学研究植物的赵琦教授。聊了一会儿，Woody走过来，邀请我们跟他们的领队八点钟一起开会。他向我们介绍，经过向

AECO申请，船上的科考人员可以采集少量的水、冰和石头。

AECO是北极探险邮轮运营商协会“Association of Arctic Expedition Cruise Operators” 的英文缩写，该协会成立于2003年，代表北极探险邮轮运营商的视角和意见。AECO管理北极地区的旅游业，它们设置了严格的经营准则，目标是确保在北极地区进行的科考和探险活动能保护自然环境、当地文化和历史遗存，以及避免在海上和陆地上的安全隐患。活动区域涵盖了北极北纬60度以北地区，斯瓦尔巴群岛和格陵兰岛都是活动的核心区。

上午九点多的全体人员会议上，Woody介绍在北极做考察或旅行的要求，主要是如何保护北极的环境，见到动物的注意事项，防止北极熊的伤害，等等。随后，副总领队Annie作了第二个报告，讲解如何乘坐橡皮艇。她介绍说：船上为每个游客发了保暖的冲锋衣，请大家出去的时候务必穿上。等她讲完，我提了一个问题：是否可以穿自己准备的防水冲锋衣，因为我们得到国内一家服装公司——风砾石的赞助，需要为公司拍一些照片。Annie的回答是肯定的。

中午吃饭期间，我们得到通知：饭后就将第一次乘坐橡皮艇下海并且登陆。考察船要求我们十人左右分成一组，于是我便委托华东师大二附中的胡慧珊根据自愿组合的原则，把队伍分成三个组：我和李磊老师自然是各带一组，第三组就希望她能带。之所以委托胡慧珊，有三个原因：第一，她父亲是我的同事，自然而然地拿她当成自己的孩子；第二，她的英语很好；第三，尤其重要的是，她的性格属于跟谁都能很快成为朋友的开朗一族。做这样的事情应该能胜任。在此之前，我跟李磊老师也达成一个意向：成都的同学，尤其是成都七中的，跟她在一条橡皮艇上，这样好管理，也方便拍照；然后是胡慧珊带一个组，由她自己选人；剩下的，跟我一组。

下午两点半，大家陆续来到三楼的出发聚集点。在这里，要划一下每个人的身份卡，以便知道哪些人出去了，哪些人没出去，避免出去的人没回来。我让胡慧珊通报分组情况，结果她拿出的方案让李老师大为不满：李老师的组几乎一个成都的同学都没有。我能猜到这些孩子的小情况：同学们是因为拆不开而两人、三人，甚至四人地“集结”在一起。至于拆不开的原因，有的可能是希望同校的在一起，有的可能是希望同课题的在一起，有的可能是不希望跟自己的老师在一起，还有的，则可能是因为短短的几天陷入懵懵懂懂的小感情而形影不离。

第一次登陆

就在登橡皮艇之前的一瞬间，我们还在纠结之际，事情急转直下：我们前面有四位大妈级别的女性，在等待登上橡皮艇。她们中间一个会说英语的都没有，组织登艇的工作人员要求我们后面的队伍支援六个人且一定要有英语好的人。于是，我直接把站在最前面的六个人划拨过去，让英语很好的余思易担任翻译。

就这样，大家陆续登艇。给我们驾驶橡皮艇和担任领队的是来自英国的历史学家Damien Sanders，他曾经跟随英国南极科考队，参与海洋生物学研究。这第一次登陆，是在利夫德峡湾(Liefdefjord)的得克萨斯酒吧。这个地方之所以起这样一个名字，是因为岸上有一个猎人的小木屋，上面写着Texas Bar。

在这里的岩石上，分布着数量不小的丽黄地衣（*Xanthoria elegans*），它们呈亮黄的颜色，牢牢地趴在石头上。有时是斑斑点点，有时则是壮观的一大片。这些秀丽的生命在气候如此严酷、生命相对稀少的北极大地，显得格外绚丽夺目。关于这种地衣，中国科学院微生物研究所周启明博士在南极也曾经见到过，并有如下一番科学的描述：

“

地衣不是植物，而是一类由特殊的专化性真菌（也称“地衣型真菌”）与藻类或蓝细菌（也称 “地衣共生藻”）共生而成的有机体，它是自然界中互惠共生的典范。共生藻可进行光合作用，为自己和真菌提供生长必需的碳水化合物；而地衣型真菌通过形成特定的结构将共生藻包裹在地衣体内部，为共生藻提供一个保护性环境，避免其受到强烈辐射以及干旱等恶劣条件的影响。在地衣中，真菌“控制”着共生藻，地衣体的形态特性完全由真菌决定，这些真菌中绝大多数都属于子囊菌。

地衣是一种变水生物，在自然条件有所改变时，地衣会迅速改变细胞

丽黄地衣

内水分含量，同时相应地改变呼吸或光合作用等的生理反应，抵御不利环境造成的损伤。地衣的这种特性，使它能在其他植物不生长的极端环境譬如南极、北极、高山以及荒漠地区存活。地球大约8%的陆地表面被地衣所覆盖，这些地衣不仅可以长在植物、朽木和土壤表面，还可以生长在岩石表层或内部，甚至混凝土、玻璃、金属、塑料等人造物都可以作为它的基物。

2005年，欧洲空间局联合俄罗斯航天局，由俄罗斯“FOTON-M2”返回式实验卫星将采自南极的丽黄地衣送入了太空，暴露在开放的宇宙空间之中达半个月之久。这些地衣经历了真空、失重、温度剧烈变化以及强宇宙射线辐射等残酷条件的考验。在卫星返回地球后，将地衣置于适宜的环境中，竟然它们在24小时内重新恢复了代谢活性。

作为生活在地球上最为严酷环境中的先锋生物，地衣承载着改建太阳系其他行星或卫星的大气与土壤系统从而最终实现外星移民的历史使命。为了实现这个目标，我们需要首先充分了解南北极地衣的生活特性，然后通过包括分子生物学技术在内的多种科学手段对其进行改造，使其可以登陆其他星球来重建类似地球的生态系统。

”

我以前对地衣从来没有如此地密切地关注过，读罢周博士这篇文章，对这些原始而又顽强的生命不觉油然而生敬意。

除了丽黄地衣，在陆地上另外一类特别吸引眼球的植物当属无茎蝇子草Moss campion（*Silene acaulis*），这是典型的生活在阴凉地带的蝇子草属植物，它们开有妖娆的紫红色花朵，形成一座座密集、坐垫状的圆球形状。

应该说，蝇子草是个不小的属，有大约600个种，主要分布在北半球的温带，在中国就有110种左右。它们是一年生、两年生或者多年生的草本植物，茎有直立的，也有弯的或者匍匐的。叶成对，简单。花有单个的，也有组成花序的。蒴果，种子微小，有些有翼。蝇子草属植物吸收金属的特性非常强大，能够吸收锌、钴、镉、汞等重金属。

无茎蝇子草

仙女木

除了无茎蝇子草，著名的仙女木Mountain avens（*Dryas octopetala*）在这里也是比较多见的。

仙女木茎丛生或稍匍匐地面，单叶互生，边缘外卷，全缘至近羽状浅裂。花茎细，直立，仅生1朵两性花。为杂性花；花瓣多为8片，白色，有时黄色。本属的分类还不十分清晰，分布北半球温带高山及寒带。我国有1种，而该属的模式种就是分布在斯瓦尔巴德的仙女木。

仙女木的著名，是缘于三次仙女木事件。冰河世纪结束以后，大约1.7万年前，地球的气候开始变暖，气温逐渐地回升。两极、北美和北欧的冰川开始消融，海平面逐渐上升，渤海、黄海、挪威海的草原被水淹没。到了1.3万年前，北美和北欧的冰雪已经融化了相当大一部分，南北半球春暖花开，显现出一片繁荣景象。但就在这时，1.264万年它们柔弱的淡黄色花瓣呈杯形，向着太阳开放，尽可能多地采集太阳光。这种罂粟或独立或丛生，孤傲、顽强地摇曳在北极广袤而寒冷的大地上，绽放自己独有的美丽。

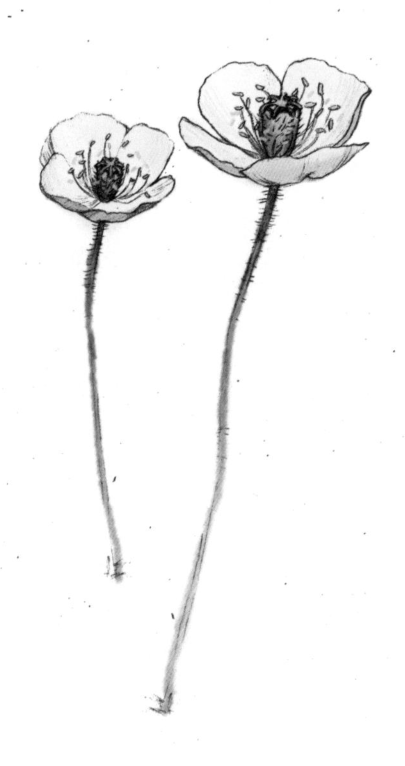

前，气温又骤然下降，世界各地转入严寒，两极和阿尔卑斯、青藏高原等地的冰盖扩张，许多原本迁移到高纬度地区的动植物大批死亡。这一次降温发生得很突然，地球平均气温在短短十年内下降了7～8℃。这次降温持续了上千年，直到1.15万年前，气温才又突然回升。这就是地球历史上著名的新仙女木事件(The Younger Dryas Event，简称YD)。它的得名来由是：在欧洲这一时期的沉积层中，发现了北极地区的草本植物仙女木的残骸。更早的地层里也有同样的两次发现，分别称为老仙女木事件和中仙女木事件。

不过，在北极为数不多的植物种类中，我最喜欢的还是斯瓦尔巴德罂粟。它们柔弱的淡黄色花瓣呈杯形，向着太阳开放，尽可能多地采集太阳光。这种罂粟或独立或丛生，孤傲、顽强地摇曳在北极广袤而寒冷的大地上，绽放自己独有的美丽。去年来北极的华东师大二附中的女生吴眉，就研究这种植物，她的小论文《北极斯瓦尔巴德罂粟（*Papaver dahlianum*）环境适应性研究》获得“第28届上海市青少年科技创新大赛”一等奖。

忽然，我隐约听到北极燕鸥的惊叫声。循着声音一看，果然有两只北极燕鸥在来自北京的一群同学头上盘旋，还不时向人们的脑袋俯冲和发动袭击。我想，一定是他们走近了它们的巢穴，或者它们的幼鸟就在附近，亲鸟才会不顾一切地袭击包括人、北极熊在内的任何动物。

北极燕鸥（*Sterna paradisaea*）是燕鸥科的一种海鸟，体长35厘米左右，翼展76～85厘米。头顶部和枕部为黑色，上体淡灰色，腰部白色，翅膀尖端黑色，尾羽白色，嘴和脚红色。这种鸟的寿命可达20多年，主要吃鱼和水生无脊椎动物，目前的数量约为100万只。北极燕鸥可谓是鸟中迁徙之王，它们在北极繁殖，但却要到南极去越冬，每年在两极之间往返一次，是已知动物中迁徙路线最长的。

山崖上的鸟窝

一项使用微型追踪器的研究发现，北极燕鸥沿着“Z”字形路线，在北极和南极洲之间迁徙。在这个过程中，一只被跟踪研究的鸟飞行了7.1万公里。迁徙期间，北极燕鸥在北大西洋停留了一个月，可能是为了进食以补充能量，然后飞越热带地区。返回时，仍沿着“Z”字形路线飞行。它们并非直接飞往大西洋中部，而是从南极洲飞往南美洲，然后再到北极，很可能是循着巨大的螺旋风模式飞行，以免卷入风中。

一只死去的北极熊

跟北极燕鸥周旋了一会，我们朝西边进发。走着走着，远远地看到地上有一具白白的北极熊尸体，大家加快了脚步。可以说，任何人看到这样原本应该是活生生的庞然大物，现在如此皮包骨般悲惨地趴在地上的情形，都会感到诧异和震惊。

“随着Woody的一声令下，整支队伍调转了方向，我一马当先地冲在了队伍的最前头。距离白色的物体还有100米、50米、10米、1米，看着眼前这个白色的物体，我的嘴巴张到可以足足塞下一个鸡蛋。天哪，这是大自然的警告吗？一只北极熊就这么瘫在了我们面前，毫无我想象中的熊类即使死去也应有的力量。北极熊背面朝上，整个身体摆成了一个“大”字形，四只本该孔武有力的熊掌软绵绵地像荷包蛋一样摊在了地上。从1米外（由于规定不得靠近其1米以内）不难看出这只熊的身体内的组织结构和脂肪或被吃了或已经腐烂了，身上还隐隐地发出一股臭味，周围还不时有飞

死去的北极熊，孤零零地趴在这北极寒冷的地面上

虫盘旋在尸体四周，现如今摆在我们面前的只有一张恰似毛毯一般的枯萎的身体了。这还是威名远播的北极霸主吗？北极熊可是陆地上最大最强壮的动物，可是眼前的这张毯子是违背了这个理念吗？一只长满獠牙的凶兽为何成了这般？

”

成都七中的陈恭懿这样描述。

到了跟前，Damien向我们介绍，这只熊16岁，雄性，4周之前死亡，耳朵上有一个Tag，就是标签。目前一百多只北极熊被国际研究团队跟踪。这只熊原本栖息在斯瓦尔巴德岛的南部，因为随着海冰的北退，迁徙了180公里来到这个地方。我向Damien询问，这头北极熊的死因是否清楚？这具尸体又将被如何处置？他回答我：这头熊的部分器官将被取样检查，以便知道死因，至于尸体，据说将被保留在此地不动。

北极熊（*Ursus maritimus*）是世界上最大的陆地食肉动物，雄性身长大约两米半，大型个体用后腿直立时，达三米多高。它们体重一般四百公斤以上，冬季睡眠时刻到来之前，由于大量积累脂肪，体重可达八百公斤。跟雄性相比，雌性的体型要小很多，身长约两米，体重两三百公斤。

北极熊的祖先是棕熊，在大约两万年前与棕熊分道扬镳。与棕熊相比，北极熊头部较长而脸小，足更宽大。它们栖居于北极附近海岸和岛屿地带，独栖，常随浮冰漂泊。北极熊的视力和听力与人类相当，但嗅觉极为灵敏。它们栖息在北极，分布在北冰洋周围的浮冰和岛屿上，还有相邻大陆的海岸线附近。这些食肉目动物一般不会深入到更北端的地方，因为那里的浮冰太厚了，连它们的最主要猎物——海豹也无法破冰而出。

北极熊的毛看上去是白色的，实际上是无色透明的中空小管子。这是由于光线的折射、散射使之变成白色的保护色。这些小管子在阳光的照射下会变为淡黄色，而在阴天或有云的时候，毛管对光线折射和反射较少，就呈现白色。这些小管子非常重要，它是北极熊收集热量的工具，这样的构造可以把阳光反射到毛发下面的皮肤上，有助于吸收热量。北极熊的皮肤是黑色的，从鼻头、爪垫、嘴唇以及眼睛四周的黑皮肤上，就能看见皮肤的本色。究其原因，黑色的皮肤有助于吸收热量，是保暖的好方法。

北极熊性格凶猛，行动敏捷，善游泳甚至潜水，主要捕食海豹，也捕捉海象、白鲸、海鸟、鱼类、小型哺乳动物，有时也吃腐肉，偶尔还会进食苔原植物。北极熊主要有两种捕猎模式，最常用的是“守株待兔”：事先在冰面上找到海豹的呼吸孔，然后在旁边等候几个小时，等海豹一露头，它们就发动突然袭击，用尖利的爪子将猎物从呼吸孔中拖上来；另一种模式就是直接潜入冰面

这只熊，后来据考证，可能是饿死的

下，发动进攻。

然而，这样一位北极健将、巨无霸、百兽之王，此刻竟然如此悲凉地趴在地上，任凭我们在一米开外的距离围观和拍照。我让一个同学，把我和这只北极熊，记录在同一张照片中，算是永久的纪念和凭吊吧。

几天之后的8月8日，搜狐刊登了这样一个图文搭配的新闻：

近日，在北极圈挪威斯瓦尔巴德群岛，惊现一只瘦成“毛毯”的北极熊尸体，这只本该具有超强大捕食能力的巨型动物，在一场北上搜寻海豹的绝望之旅中活活饿死。从它尸体的卧姿可以明显看出，这只北极熊是饥饿到无力行走，最后倒在这里的。一个从事北极熊研究近四十年的专家介绍：外部迹象显示它的身体已没有任何脂肪，只剩下一具皮包骨。这位专家认为在不远的将来，由于全球升温冰融加剧，北极熊无法再在海水浮冰上猎捕食物，它们都将承受相似的命运。拍摄了这组照片的摄影师描述这只北极熊时，用了“极度伤心”来形容：它身上已经完全萎缩成了一具极瘦极瘦的标本，完全没有任何重量，基本上就像是一张平铺的毛毯。

又过了几天的8月14日，新浪也刊登了一篇文章，题目是：“瘦成毛毯北极熊照被热炒 见证者称为老死”。文章是采访此次与我们同船考察的段煦老师之后发表的，内容如下：

这几天一张照片在网上被炒得很热，照片主角是一只死去的北极熊，说明文字写道：这只本该具有超强捕食能力的巨型动物，在一场北上搜寻海豹的绝望之旅中活活饿死，尸体瘦成了“毛毯”。

“从我对这头熊的尸体近距离的观察来看，它更像是自然老死的。”说这话的人叫段煦，中国科普作家协会会员，他于7月29日在北极科考时亲眼见到了网传照片上的那具北极熊尸体。“我在现场对这头熊尸做了一般性的外部体格检查和影像取证。”段煦说，当时他发现熊尸的外观保存得很完整，头尾躯干上的毛皮几乎没有破损，四只大大的熊掌上还保存着爪甲。的确很瘦，本该浑圆的熊屁股软塌塌地铺在地上，脊柱部分顶着长长的熊鬃高高地屹立着，一副皮包骨的样子。“不过我对这样一具熊尸出现在野外并没有感到任何意外，因为有两个最直观的证据显示这是头老年的动物，并且老得吃不动东西了。它很可能是自然老死的。”

作为一名经验丰富的生物学科普专家，段煦对熊尸进行了检查，他发现这头熊的门齿和犬齿磨损得相当严重，右上侧的犬齿齿尖已经磨损得相当浑圆，而另一侧犬齿的齿尖居然已被磨损得消失殆尽。此外这头熊的爪甲也相当钝，仿佛已经很久没有捕猎和磨砺过了，牙齿和爪甲的这些明显特征，表明这头熊已是垂垂老矣。段煦说，北极熊靠的是长长的利爪和同样长长而锋利的犬齿把它的主食——海豹拖上浮冰并肢解，失去尖牙和利爪的北极熊，无疑不管全球气候变不变暖，它的结局终归只有一个：挨饿→消耗自己的脂肪→消耗殆尽后死亡。就跟不同地区的人寿命不一样类似，不同地区北极熊的寿命也不同。段煦说，在加拿大、阿拉斯加及西伯利亚，雄性北极熊可活到20岁，但是挪威的斯瓦尔巴德群岛条件相对艰苦，当地16岁的北极熊已经算是高寿，而这个年龄的动物犹如龙钟老人一般，即使在食物并不缺乏的情况下，也极容易患病，消耗性的疾病会让北极熊快速消瘦，最后死去。因此，他认为，年老导致的无法捕猎和进食，加之患病，可能是导致这头北极熊死亡的直接原因。

回国之后，有人知道我们见过这具北极熊的尸体，马上来问我它的死因。我不是研究北极熊的，也真的不敢断言它的死因。由于老了、无法成功地猎捕到食物而死亡，似乎是更合理与折中的解释。

傍晚六点钟，我们第二次登上橡皮艇，去造访位于Liefdefjord的摩纳哥（Monacobreen）冰川，这是以摩纳哥一世国王的名字命名的冰川，他于1906~1907年带领科考队测量和定位了这个冰川。

十个人登上橡皮艇，陈力铭坐在我的旁边，可能是她的救生衣穿得不够标准，橡皮艇驾驶员、Rebecca前来帮助整理了好一会儿。这位中年女性是一位来自新西兰的户外教育专家，热衷于探险，尤其对极地情有独钟。整理了两三分钟，Rebecca最后告诉陈力铭，回到船上之后更换一件救生衣。

橡皮艇向冰川驶去，一小群一小群的三趾鸥站立在一个个冰块上，有的翘首观望，有的梳理羽毛，干干净净，惹人怜爱。几个学生纷纷到海水里取冰，陈力铭的手马上冻得通红，一个同学便开玩笑说：手冻坏了以后就不能弹钢琴了。陈力铭回复了一句“你诅咒我”。余思易戴着厚厚的防水手套，取了一大块。

我忽然发现一只海豹趴在我们与冰川之间的一块浮冰上，我让Rebecca驾驶橡皮艇悄悄靠近。但到了一定距离，它还是进入水里。

冰川的切面看得越来越清楚。我询问Rebecca这个冰川切面的高度，她用手

海鸥列队欢迎

探访冰川

比画估算了一下，说大概是50米。我询问冰下的体积是否应该更大，她说很可能。忽然，我发现了一个重要情况：在冰川的下面，有一大群密密麻麻的鸟，应该主要是三趾鸥，也有一些北极燕鸥，在沸沸扬扬地捕鱼，远远地传来叽叽喳喳、此起彼伏的叫声。我的相机镜头是普通的广角，看不清楚鸟，于是便迅速换上长焦镜头，但拍出来的照片有点发虚，因为橡皮艇晃得厉害。于是，我问Rebecca能否向冰川靠近，她向前行进了一段，但依旧不行。我再次催促，她似乎有点不情愿，我也不好强求，于是只能相对远距离地拍了一些。关于这里的冰山与冰川，成都七中的张洛丹是这样描绘的：

“

冰川的颜色有白有蓝。那清爽，干净的蓝色，是我一生见过最美的颜色！冰川的壮美，也只能通过我瞠目结舌的表情来表达。我们驶近冰川的时候，我觉得我像是在纳尼亚。那明净的湛蓝色里，美艳的冰雪皇后正在决断什么事情，我仿佛能从那个洞口溜进去，里面的精灵小人，皱着眉毛忙着，根本无暇顾及我这个外来客；长长的走廊，通向皇后的宫殿。当我抬头望时，我才惊讶于它的高度，仿佛是巨人的走廊，我甚至望不到尽头！窗外新化的雪水处，成千上万只三趾鸥叽叽喳喳地叫着。海面上也有一些三趾鸥，有的成群结队，有的两两结对，面对面安静地伫立着。还有的独立于海面，望着天空。当我们的皮艇靠近，结对的三趾鸥鸣叫着离开，可能是抱怨我们破坏了气氛。这里有这么多鸟儿的原因是因为此处的冰川刚化开，也发生了冰川运动，搅动了海水，使海里的浮游生物和鱼类到海面活动，给它们提供了美味的餐点。

”

大约八点钟，回到“海精灵”。放下相机，换了衣服，直奔二楼的餐厅。Damien跟我们坐在一桌，我于是询问Rebecca为什么不愿意距离冰川切面更近一点，是怕打扰到那些觅食的鸟，还是担心冰川突然迸裂形成大浪，出现安全问题？Damien说是后者，我于是理解了这位新西兰女领队的谨慎。

05

第五天

Day5

探海冰，遇见格陵兰海豹

7月30日，一大早就醒来，到四楼的咖啡吧喝了杯茶，随即到三楼接待处旁边的一张植物图谱前，鉴定我拍到的植物照片。谁知，我拍到的一张在第一次登陆时很常见的苔藓，竟然没在图鉴上，看来只好把这个家庭作业留到后面了。

早餐之后，我找到为本次科考活动做地接的旅行社余副总经理，明确表达了我的三点意见：第一，跟他们公司的合作迄今为止大的方面基本愉快；但有些事情还可以做得更好，比如说我们抵达朗伊尔宾的傍晚，应该通知我傍晚很难找到吃的，也好事先准备；第二，整个旅行过程中活动的安排，我事先因为时间关系没怎么介入，但我希望要让同学们尽量多参观包括文化传承的宫殿、展览馆、博物馆、大学等；餐饮方面，尽量让同学们了解当地饮食文化，而不必太计较费用的高低；第三，有些款项的收费似乎不尽合理。这位女副总经理也很爽快，答应到朗伊尔宾之后，马上跟国内联系，尽量满足我们的要求。

上午十点，随同考察船作为北京团队科技顾问的大连理工大学李志军教授作了一个报告，介绍他以往在极地的工作。带给我的最大收获，是提醒我在朗伊尔宾有一个全球著名的种子库，我于是马上回头告诉就在我身后的地接社副总经理：安排我们去参观。

中午，我跟李磊老师一起吃饭，她跟我反映：昨天有的同学从地上捡了一块石头，Woody说让放回到地上。我一听，有点不理解，也有点不快，因为说好少量的石头样品是可以采集的。此时刚好Woody在取食物，我便冲他做了个招手的动作，请他到我们的桌子上一起吃饭。等他一落座，我直接把刚才李磊老师问我的话，转问他。他连连说：没有没有，我没说不让学生们采样。看来，是一个误解，语言造成的。

随即，李磊老师又说：昨天有一个孩子在广播室做广播，感到是个难得的机会。Woody马上建议：可以安排学生来做广播。

下午两点，来自北京的段煦老师做了一个关于动物的讲座。还没结束，三点钟便开始外出看海冰。

这个地点叫Seven Islands，位于北纬80.72度，东经20.75度，我们乘坐橡皮艇去看海冰。

刚开出去不一会儿，就远远地看到一头海豹在水里露出头。不一会儿，在另外的地方又冒出五六个小脑袋。看来这里的海豹还是蛮多的。驾驶橡皮艇、来自美国加州的女领队、海洋生物学家Jaclyn拿起望远镜看了一下，说应该是Harp seal，即格陵兰海豹。令人悲伤的是，幼年格陵兰海豹正是因为其纯白的毛皮，曾经被大肆捕杀。我本人就曾看过真实的录像：捕海豹的人用棍棒直接打死这些小生命，随即剥皮；鲜红的血瞬间流淌到洁白的冰雪上，场面十分血腥。

格陵兰海豹（*Pagophilus groenlandicus*）栖息在北大西洋和北冰洋，成年雄性为亮浅灰或浅黄色，头部为褐色或黑色，背部和两侧有一U形有色斑纹；雌性斑纹不明显。幼兽身上有黑色的斑点。成年海豹体长达1.8米，体重约180公斤，一年大部分时间都在海上度过，在大块浮冰上产崽。幼崽出生两周后长出白色绒毛，十分美丽和惹人喜爱。

格陵兰海豹

在橡皮艇上看海豹

说实话，我对看海冰的印象有点平淡了，但胡慧珊则完全不同，她写了一段诗一样的文字：

“

北纬81° ——这是我们这次北极之行到达的最远的地方。

每一次出海，当我们能够用自己的手指触摸到冰冷的海水时，都是乘着橡皮艇的。相信乘坐橡皮艇之行是令大家又一个永生难忘的经历。我们乘坐橡皮艇感受了海、触碰了冰、看到了北极熊，体会了与自然合一的感觉。

印象最深刻的还是我们最接近浮冰的那一次，也就是在北纬81° 。海浪拍打着浮冰，唰唰的声音回响在我们耳边，除了风声就没有别的声音了。这就是自然的声音啊，真是震撼。时不时地还会有冰凉的海水溅到脸上。

北纬81° 的风景很美，在那里世界的色调只有两种——白和蓝。海水上的浮冰宛如天空中雪白的云朵，美得令人窒息，那里会让人顿时有种错觉，觉得自己是不是已经到达了天堂——世界最美的地方。

”

傍晚，船上的专家介绍海冰Sea Ice，我才恍然意识到一个ABC水平的知识：海冰是海水变冷时结成的冰，与浮在海面上的冰山是不一样的；后者是冰架或冰川断裂后漂浮到海洋上而形成的，而不是由海水结成的冰。由于海水不是纯净的水，所以海水结冰的温度不是零度，而是-1.8℃；海冰虽然是由不纯净的海水凝结而成，但由于结冰过程中盐分被排出，所以形成的冰也接近纯

看海冰

净。尽管如此，由于盐分可能会以结晶等形式成为杂质留在冰中，所以海冰的物理性质与一般的冰仍会有不同。海冰对高纬度地区以至极地地区的水文、热力循环、洋流和生态系统都有重大影响。海冰过多时可能会导致海港封港，堵塞航道，挤压船舶等问题，因此也是高纬度地区海洋灾害的一种。

晚饭期间，我询问了成都三个同学的课题，袁青芮跟我说她原本想观察鸟在不同纬度的数量分布，但现在感觉看到的不多。我马上帮她分析可以如何调整课题。

第六天

Day6

冒雨造访海鸠山，幸遇蓝鲸，抵达“悲痛的峡湾”

7月31日早晨，我们抵达Hinlopen海峡的Kapp Fanshawe，上午将要去访问斯瓦尔巴德最具代表性的一个地方——海鸠山（Mount Guillemot）Alkefjellet，那里有一座峭壁，上面栖息着6万对，12万只正在繁殖的厚嘴海鸠(*Uria lomvia*)。

吃早餐的时候，李磊老师问我去看鸟会不会很冷。因为我们有两件冲锋衣：一件是风砾石赞助的，比较薄；另一件是船上发的，很厚。我说这里的纬度不算高，应该不会太冷。因为我去年来的时候，这里是艳阳高照，没感觉到冷。

九点多钟，天还下着雨，我们陆续开始登船。我心里很纳闷，为什么非得冒雨登橡皮艇而不能等一会儿。尽管心里不愿意，但还是带领学生们下了船。

十字架

关照

来自新西兰的女领队Rebecca给我们开船，她看到我的救生衣没系稳妥，又来帮我收拾。我的救生衣有点小毛病，加上我偏胖，便不是按照最正规的方式系好的。因为下着雨，我有点不耐烦，催促她走就是。她却非常坚持，一定要捣鼓好才肯离开。最后是她赢了，还是留下那句话：回去换一件。不一会儿，橡皮艇就驶到了栖息着12万只鸟的悬崖峭壁之下，很远就能听到嘎嘎嘎嘎的鸟叫声，它们的排泄物更是在黑色的峭壁流淌出一道道的白色，再加上鸟粪的气味，形成一道景、声、味盛宴。

雨中造访海鸠山

海鸠很有特色的是身体的颜色，通常是后背黑色，前胸白色。这种色彩搭配应该是跟其生存环境以及捕食行为密切相关：黑颜色在水面上不容易被上方的天敌发现，白色在海水里不容易被下方的猎物发现。但这些海鸟更有特色的是它们产的卵，形状像一只陀螺，滚动时不会直线地滚走，而是环形滚动。海鸠直接把陀螺形的卵产在光滑的悬崖边缘，这样海风吹来，卵只会原地滴溜溜地打转，而不会被风刮跑；而且卵的重心低，很像不倒翁。这就是这些勇敢的海鸟在如此严酷的环境中生存的特殊适应性进化。

来自复旦附中的李欣辰跟我乘坐同一条橡皮艇，她这样描述观看海鸠的过程：

“

我们坐着Rebecca驾驶的橡皮艇慢慢向鸟岛靠近。为了尽量不打扰它们，她压低声音告诉我们，这里是她整个北极之旅当中最喜爱的地方之一。我顿时一惊，这个地方一定有与众不同的魅力吧？！

穿过迷雾，耳边是冰川融化清亮的哗哗水声和鸟儿互相交织的鸣叫。不得不承认，我从未看到过这么壮观的景象：喷出岩形成的陡峭的峭壁上，密密麻麻全是海鸠。Rebecca告诉我们，这些小鸟在这里筑巢抚育自己的幼鸟。看到数不胜数的海鸠背朝外面，只有仔细观察才能在它们中间看到雏鸟毛茸茸的身躯，我们似乎又一次在自然界中看到了纯粹的父母之爱。给予孩子生命，并竭尽全力保护它们；这样的爱因为它朴实的存在而让人动容。这里有相对陡峭的悬崖以防北极狐侵袭，还有较多的鱼群出没。得天独厚的自然地理条件也制造了一个天然的鸟的王国。

从另一方面讲，这里也充满了挑战。对于刚刚出生的小海鸠们来说，生存并非理所当然；生命从它刚刚降临在自己身上的时候，就像稀世珍宝一样需要小心呵护。为了在水中躲避敌人的侵扰，并且在尚未学会飞翔时可以通过潜水来找到东西吃，小海鸠从这里跳下水，跟随父亲远航。而且，这些鸟儿的天敌并非只有北极狐，我们亲眼看到一只纯白的北极鸥在空中盘旋了一会儿后，径直冲上了一处岩石，叼走了一只海鸠的雏

北极海岛特殊的生存环境

鸟，直接吞了下去。自然界弱肉强食的法则就这么赤裸裸地在我们面前上演。

我开始渐渐明白为什么这座岛屿成为了这么多探险家眼中最让人印象深刻的地方。因为这里很坦诚，不论是爱，是生命，是勇气，还是生存的残酷，在这座小岛上都呈现得淋漓尽致。也许在城市里生活太久，会让人慢慢失去对自然界敏锐的嗅觉。但我真的十分感谢有这样的机会去看看这个世界本来的面目：生命从来都不是理所当然，一切宝贵的事物都值得我们努力保护。

”

北极鸥吃海鸠　张开河 摄

的确，我们一同见证了一只北极鸥Glaucous Gull（*Larus hyperboreus*）直接吞掉一个海鸠幼崽的全过程：一只硕大的北极鸥从峭壁的一处飞起，在海鸠群的上方，一边扇动翅膀，一边直接叼起一只小海鸠，然后飞离了一点距离，并不太远，随即就在空中直接将幼鸟吞进肚子里。而此刻，我们在橡皮艇上，正在谈论它们有时会捕食小海鸠。它该不是刻意为我们表演吧？！

北极鸥的体型比较大，夏季和冬季的羽毛颜色变化也比较大。夏季，头、颈、腰和尾都是白色，翅上的覆羽淡灰色，下体也是白色。这个物种在北极苔原、海岸和岛屿繁殖，非繁殖期主要栖息于海岸。它们飞翔能力强，善于游泳，在地上行走也很快。主要以鱼、水生昆虫、甲壳类和软体动物等水生脊椎和无脊椎动物为食，但也吃雏鸟和鸟卵，繁殖期甚至常在苔原陆地上捕食鼠类。

随后，我们在附近寻找北极狐。因为这里栖息着数量庞大的鸟，北极狐便会经常地光顾。去年，就是在这里，我们见到一只通体白色的北极狐。巡游了一会儿，什么都没发现，也许是下雨闹得北极狐都懒得出来了。我心里觉得实在对不住李老师和她的女儿：这雨天呆在橡皮艇上，还真的是很冷。

中午一点多钟，广播里突然发出通知：前方右侧，出现蓝鲸（*Balaenoptera musculus*）。立刻，全船的人都想立刻跑到各层的甲板上。我也不例外，拿着长焦镜头的相机，渴望跑到甲板的最前面。谁知到甲板一看，已经挤满了人，没有任何空当。我心想，还是别凑热闹了吧，房间的阳台上应该也能看到。于是，掉头往房间走。就在返回的途中，迎面遇到成都七中的张开河也拿着长焦镜头，于是嘱咐他争取拍几张好的照片。等我回到房间的阳台上，还能看到两只蓝鲸在大海里一起一伏地喷水，一大群鸟围在它们的头顶上；但距离已经是很远，拍出来的照片效果实在是不佳。而张开河竟然真的不辱使命，拍到了很不错的照片。后来，听说船的周围一下子出现了六头蓝鲸，而这个物种目前在全世界也只有六千只了，运气真的是不错。

蓝鲸属于须鲸亚目，共有四个亚种，是地球上生存过的体积最大的动物，长可达33米，重达181吨。它们分布于从南极到北极之间的南北两半球各大海洋中，但热带水域较为少见。蓝鲸的身躯瘦长，背部是青灰色的，不过在水中看起来有时颜色会比较淡。它们的背鳍相对很小，只有在下潜的过程中才能被短暂地看到。与其他须鲸一样，蓝鲸主要以小型的甲壳类与小型鱼类为食，有时也包括鱿鱼。雌鲸2～3年才生产一次，在经过10～12个月的妊娠期后，一般会在冬初产下幼鲸。由此可见，这个物种的繁殖速度是相当慢的，种群一旦遭到破坏将很难恢复。

下午，去悲痛的峡湾Sorgfjord参观人文历史，地理位置是北纬79.56°、东经16.43°。这个小小的港湾拥有丰富的人类历史，这里很早就开始了捕鲸活动。1693年，这里爆发了一场小战争，两艘法国护卫舰在这里攻击了40艘荷兰捕鲸船，发生5小时战争，荷兰船只损失惨重，26个捕鲸人被抓。

在岛上，我们见到了用石头堆砌的16座坟墓，据考证迄今已有200年历史。有的坟堆下面还隐约见到了裸露的棺木。这里还能见到一百多年前人们在这里设置的捕捉狐狸的木头笼子的遗迹：目前只剩下铺设在地面的那一片，还安安静静地躺在那里。

不远处，还有一个小木屋，那就是以前狩猎人居住的地方。见到此情此景，对北极人文历史颇有兴趣的华东师大二附中的胡慧珊这样抒发情感，而且她对悲痛的峡湾有自己的感悟：

“

12世纪初，挪威人才发现了斯瓦尔巴德群岛。之后俄罗斯、英国、荷兰等各国的人都来到了这个神秘的岛屿，当时目的只有一个——捕猎。从捕猎鲸鱼到北极熊，当时无政府管辖的斯瓦尔巴德群岛引来了人

猎人曾经居住的房子

们的围拥。人类捕鲸是从中获得油类资源，至今我们还能看到当时处理鲸鱼的遗迹。在斯瓦尔巴德群岛的捕鲸传说，也证明当时的男人们所拥有的勇气以及他们对于富裕的美好梦想。当时的捕鲸人的生活状态就是捕猎鲸鱼、煮鲸脂、提炼油。那时的欧洲人用鲸油制作肥皂、油灯和纺织品。

在悲痛的峡湾，我们不仅看到鲸鱼的墓，一些墓也许是那些捕鲸人的，不知有多少人丧生在一次又一次的捕鲸活动中。他们的对手是这个星球上最大的哺乳动物，不知他们花了多大的心思和血汗来征服这些动物。他们得到了经济上的回报，但也付出了沉痛的代价。牺牲的人可能会被其他人称为英雄，他们不想被葬在那一望无际的大海里，于是队友就在附近的岸边竖起十字架，堆起石头，以此来纪念他们曾经的存在。那些墓迄今已有两百多年的历史；有的坟堆下面还隐约可见裸露的棺木。如同这个峡湾的名字——悲痛的峡湾一般，至今我们还能感受到当时沉重的气氛。

当然，鲸鱼不是他们来到这片区域的唯一目的，动物的皮毛也会吸引人们。在悲痛的峡湾，还能见到一百多年前人们在这里设置的捕捉北极狐的木头笼子的遗迹。猎人用诱导装置来捕猎狐狸而不是选择枪杀等，这样可以获得完整的皮毛。

不远处，有一些跟随洋流从大洋彼端漂来的浮木，还有一座小木屋，那是以前狩猎人居住的地方。从远处望去就是一座孤零零的小屋子，它的颜色甚至都快融入它所在的那个世界了。这些都是沉睡的历史，我们只希望它能静静地躺着，最好永远也不再被人打扰。

的确，几百年前，捕鲸曾经是这里最重要的活动，因为有很高额的利润，捕鲸者对各种鲸类进行疯狂的捕杀，致使一些种类数量锐减。捕鲸人只攫取介于鲸鱼表皮与肌肉层之间的一层油脂，熬成油后可以做成各种各样生活中的日用品。此外，鲸须也是一宝，韧性和弹性都很好，在各种合成材料问世前，常被用做欧洲贵妇的束腰、伞撑和领撑。据说当时只要捕到一头鲸，光鲸须带来的收入就足够一条船两年的航行所需。

继续往前走，在一个小峭壁下面，我们发现了五六堆北极熊的粪便，里面不仅有驯鹿的毛发，竟然还有沙子。我向身边的一个领队询问，她解释说，驯鹿的毛是北极熊在撕扯驯鹿皮肤的时候无意吞进肚子里的，而沙子很可能是帮助消化用的。我对这个问题很好奇，后来Google了一下，也有人说可能是对矿物质需求的缘故。不知是否会有一天，人与动物能真正地对话，那样才可以真正揭秘这样的问题。否则的话，都是我们人类自己在猜。

北极熊的粪便里，竟然有沙子

07

第七天

Day7

港海豹、北极熊、疯狂的帽子和舞会

8月1日上午九点多，我们下海巡游。天很冷，是一个瘦子、戴皮帽子的领队驾驶我乘坐的橡皮艇。他开得很快，我坐在橡皮艇的最前端，海浪打到我身上，好在是防水服，重要的是保护好相机。

我们先是在Amsterdamoya的Smeerenburg遥望鲸鱼镇。荷兰人早在17世纪早中期就在这里加工鲸鱼油了。1896年，瑞典人Salomon Andree在鲸鱼镇对面的Virgohamna建立了营地。1896～1897年，他在这里试图乘坐氢气球到达北极点。最后一次失败，Andree和两个同伴遇难。他们的遗留物和相机底片30年后被发现。

在橡皮艇上看这样的人文景点，既不能拍照，也无法观看其他的动植物，我有点不开心。跟橡皮艇驾驶员说，我们想看北极熊。他还很能斗嘴，说以前在这个地方多次看到北极熊。但野外不像动物园，不是每次都能看到想看的动物。我心想：我们要是看园子里的动物也不用跑北极来啊。

海豹在静静地休息

在寒风中奔波了好一阵，我们终于看到一群港海豹（*Phoca largha*），它们是6~7只的一群，其中4只聚在距离岸边不远处的石块上，抬着头和尾，这个姿势被专业人员称为“香蕉”，实际上是在调整它们身体的温度。另外2~3只在不远处的海里游来游去。

港海豹也称作斑海豹，身体呈褐色或灰色，腹部颜色较浅，每一只都有独特的斑点或斑纹。身体及鳍都很短，头部相对较大。成年个体长1.85米，重达55～168公斤，雌海豹一般比公海豹小，寿命二三十年。在北极地区，港海豹的数量曾经因为人类活动的干扰而大幅减少。

港海豹对自己栖息的地方有很高的忠诚度，巢穴一般是在岩石海岸或沙滩。它们栖息在沙质的潮间带，有一些也会进入河口觅食，甚至经常会留在海港，故得此名。

中午，广播传来消息：右前方发现北极熊。我穿好衣服，走出舱外，一眼就看到一只北极熊正在岸边不远处，跟船行进的方向一致，不紧不慢地走着。但距离我们比较远，无法拍摄到清晰的照片。

下午，我们在鸟类峡湾Fuglefjord地区再一次出发去看北极熊。这个地区属于斯匹茨卑尔根（Spitsbergen）西北部国家公园的一部分，崎岖的山脉和巨大的冰川组成壮丽的风景。说实话，大家都十分渴望能近距离见到北极熊。副领队Annie是我们橡皮艇的驾驶员，我们先是在山坡上见到一只北极熊，但距离依旧是太远，用一般的镜头拍摄就是一个小白点。

就在稍有些丧气的时候，她的对讲机突然响了，我们隐约听到：似乎是发现了位置很靠近人的北极熊。于是，我们的橡皮艇掉头，风驰电掣般疾驰。果然，不一会儿，老远就看见一只北极熊在岸边的石头上趴着。这时再看四周，几乎所有的橡皮艇都聚集过来了。或者说，整个考察队所有的成员都或早或晚、近距离地观察和感受到了这只北极熊。我用向格林和李磊老师两人联合完成的如下这一段动人文字，展示整个不平凡的过程：

YAMAHA
60

“

今日风浪很大，我们的目标是搜寻北极熊。北极熊是最有代表性和象征北极的动物，也是这次北极科考我们最急切盼望能近距离会晤的朋友。我们做足了准备工作，乘上橡皮艇，在海面上巡游。向前行进了大约两公里，我们从军用望远镜中发现远处有一只北极熊好像在山间漫步，但当我们靠近一点时，它却静止不动了。此时距离很远，天气又的确不好，四周雾茫茫的，还飘起了微微细雨，能见度很低，还是看不太真切。说实话，这是我们第四次遇见北极熊。除了第一天近距离看见的死去的北极熊外，几次都是距离很远，都是看不清楚。心中不免泛起了一缕失望。

突然，橡皮艇驾驶员Colin的对讲机响了起来，说是发现近距离的北极熊了！我们兴奋极了，连声催促Colin带我们过去。当我们远远地看见它时，都急忙掏出相机，按动快门，用连拍快速捕捉画面。在船上，只听得见快门闪拍时的声音。在距离我们大约五十米的岸边，铺着一片片苔藓的岩石上，一只硕大的北极熊，正趴在那儿休息。不一会儿，它又扬起脑袋，四处张望，好像在嗅我们的气味呢。北极熊的视力和听力与人类相当，但它的嗅觉极为灵敏，是犬类的七倍，可以捕捉到方圆一公里或冰雪下一米的气味。看着它那嗅气味的动作，同船的人都笑了，有的说："估计是它在嗅我们身上的火锅味！"有的又说："在嗅我们吃的榨菜味呢。"

在渐渐靠近的过程中，这只北极熊一会儿趴着，一会儿站立；一会儿静止，一会儿四处走动；一会儿用前掌挠挠脑袋，好像被什么问题困住了；一会儿又趴下，好像困了一样。有时伸出舌头舔舔嘴巴，又舔舔自己的爪子，好像在回味之前的美餐。憨态可掬，萌极了！"

北极熊是食肉动物，主要捕食海豹，也捕捉海象、白鲸、海鸟、鱼类、小型哺乳动物，有时还会打扫腐肉。在夏季，偶尔也吃点浆果和植物的根茎。在春末夏临之际，也会在海边进食岩石上的苔藓和冲上岸来的海草，补充身体需要的矿物质和维生素。

"不过此时我们不敢忘记，它是现今体形最大的陆地食肉动物，是极其危险的动物，它会主动攻击人！因此，当它张大嘴巴时，我们都吓得一动不动，屏住呼吸，生怕它一个猛扑跳到船上，将我们吃掉。当看见它伸出舌头，又闭上嘴巴后，这才松了一口气。于是乎，我听见船上有一片轻微的"呼——"出气的声音。

再靠近一点点后，用肉眼也可以清楚地看见这只北极熊前额脏脏的，全身圆润，屁股更是翘翘的，肉嘟嘟的，超级可爱！我想起段煦老师说的话，如何从外观简单判断北极熊是否健康，是否进过食：北极熊如果近期进过食，那么它前额一定是脏的，因为它的头要在地上蹭；如果是健康的，它一定脂肪足够，全身圆润。由此可以判断，这只北极熊是吃饱喝足了，而且十分健康，与第一天我们看见的那只死去的北极熊完全不一样。

领队Colin 胡慧珊 摄

在离北极熊五六米的时候，船停了下来。我们还着急地向领队Colin要求道："Closer，Closer，Please！"可他说什么都不肯再靠近了。"别看它现在静悄悄的，当它发起狂来可不得了！记住，它不是宠物，而是猛兽。如果我们再靠近的话，惊动了它，它两步就可以跳到船上来。在船上的我们就只有等死的份了！"停顿了一会儿，他又补充道："北极熊虽然身躯高大，较大的个体直立起来，高可超过3.5米，可以平视大象。但奔跑的速度却很快，在陆地上，可达到每小时60千米，是世界百米冠军的1.5倍。同时，它又极擅长游泳，能在海里以每小时10千米的速度游将近100千米远。我们可不敢去招惹它。"说罢，Colin紧紧地握住了防身的猎枪。

说到猎枪，并不是说我们可以借口自卫而用它攻击北极熊。北极熊是一种异常凶猛、危险的动物，可以一掌击碎海豹的头。行前培训时考察队长Woody曾介绍，遇到北极熊的攻击，通常原则是：第一步，用石头等敲击猎枪枪管，制造噪音，吓走北极熊；第二步，向空中鸣枪；第三步，向北极熊前面的地上开枪；如果这样还不能阻止北极熊的攻击，才能向北极北极熊（*Ursus maritimus*）是世界上最大的陆地食肉动物，雄性身长大约两米半，大型个体用后腿直立时，达三米多高。它们体重一般四百公斤以上，冬季睡眠时刻到来之前，由于大量积累脂肪，体重可达八百公斤。跟雄性相比，雌性的体型要小很多，身长约两米，体重两三百公斤。

北极熊天然呆萌的气质完全掩盖了它灵巧、危险的一面。
大家纷纷拿出照相机，为它抓拍360°写真　向格林　摄

熊开枪。当然这样的情况是大家谁都不愿意看见的。去年，北极科考团有一只小分队就曾遭遇一只小熊，向导进行到第二步才吓走小熊。看来眼前这只北极熊是吃饱了的，不差我们这一餐。

此时，这只北极熊起身，开始走动。先是向高处溜达，仿佛是在散步。后来，又缓缓地走到水边，昂起头，用那双黑漆漆的双眼望着我们，仿佛在说“别惹我”，我们都有些害怕了。好在，它一会儿又转身去踱步了。说来也奇怪了，这只北极熊很有明星范儿，也似乎对我们很友好，乖乖的，一动不动，让我们给它拍了照，有时甚至乖巧地摆几个Pose！可惜，当我们想与它合照（以它为背景我们照张相）时，它却扭过身子，把翘臀留给我们。所以我们给它取名为“屁屁”。

到最后，这只北极熊好像恼怒了，再也待不住了，走动了起来，有时甚至张大了嘴巴，好像在说："喂！别老是看着我好不好！我也会害羞的呀！"突然，船上传出阵阵笑声，回过头去，只见几个男生抱着相机哈哈大笑。问他们为什么，他们其中一人指着北极熊的照片说："看，它坐着时照的，这只北极熊是一只母的！哈哈哈哈哈！"其余人都捂着嘴巴，无语中。

巡游时间结束了，我们离开时，有人喊道："屁屁拜拜！"说来好玩，这只北极熊还转过头来看着我们，样子憨憨的，萌翻了！

回到船上，船上的科考队副队长Annie激动地说道："我在南北两极之间往返一百五十多次，历经十几年，还是第一次这么近地观察活着的北极熊，太让人兴奋了！"

这次近距离遇见北极熊，观察北极熊，是多少人梦寐以求的事啊！我们亲身经历了，体验了，是多么的幸运啊！这美好的记忆，已铭刻在我心中，永远难忘！

"

对以上文字，我只想做一个小补充：据领队介绍，这是一只两三岁的熊。

傍晚五点，首都师大的赵琦教授作了一场报告，介绍她以往在黄河站的一些工作。其中让我记忆最深的是一个有趣的小故事：一只北极狐，居住在一位研究北极鹅的"鹅教授"房子下，偶尔偷吃"鹅教授"研究的小动物；后来消失了，"鹅教授"居然还张贴启事，询问谁知道北极狐去哪里了，发现者有奖。

傍晚七点半，船上办了一次半露天的BBQ。因为外面下雨，座位很少，所以我把烤肉端到房间慢慢吃。

随后便是疯狂的帽子活动。船上的领队和船上的游客，其实大部分是学生，戴着五颜六色、奇形怪状的帽子，在房间里又蹦又跳，玩得十分火爆。成都七中的张洛丹这样描绘这次娱乐活动：

“为了Crazy hat party，我和蒋函君从午饭后就开始设计，绘画。我们各自拿着铅笔蹲在床脚认真、仔细地勾勒轮廓，再互相交换来鉴定有没有将小朋友画成畸形儿。到了上色的时候，我们才发现单一的颜色实在让人头疼。于是，我跑了许多寝室去借彩色笔，再将背包翻了个底朝天，终于凑到了：绿色、黄色、蓝色、红色。虽然不多，但仍然很满足，就地取材已经不错了。我们画了两个印第安小朋友贴在帽子前，一个男生，一个女生，一个蓝色，一个红色，形成组合。为了使帽子看起来更疯狂，英语水平一般的我们勇敢地去向考察船上的工作人员借了工具。从后面看起来，蒋函君的帽子是由无数水果组成的，而我的则像个彩色的八爪鱼。当我们走进俱乐部的时候，就被数不清的相机拦住了去路。我暗喜：“这次我们赢定了！” 我骄傲地挺起腰板，想象自己是派对女王，和同班自信地展示自己的帽子。随着动感的音乐，我们一个接一个地在酒吧里走秀。第一轮展示结束，我们被选进了“复赛”。最后分胜负的办法，就是通过其他人欢呼声的大小来判定。第一次，每一顶帽子都获得了几乎同样高的呼声。主持人非常无奈，强调：只能欢呼一次。也许是我给自己的欢呼声太大，让裁判员认为所有的呼声都来自我的嗓子，奖品并没有被我们带回家。可我们清楚地知道，自己没有输，因为我相信自己是独一无二的。我们花了整个下午尽心去做事，这件事和任何成绩考评都无关，它让我们轻松愉快，这就够了。也许这是我第一次，但不会是最后一次用少得可怜的彩笔画出心中绚烂的色彩。

派对的后半部分大家一起跳舞。刚开始我们都还有些拘束，互相推辞：我没学过，不会跳，不去了。可是动感的音浪从脚底进入，一股隐形而有力的力量穿过血管，激发我每一寸皮肤，从十个手指尖流出。我随着音乐晃动起来，享受这种热闹的快乐，我拉起好朋友就冲，说："跳舞就跳呗，蹦蹦跳跳也算跳~"

这个有太阳的夜晚，我们一起跳舞，一起欢呼，唱歌。我想不论你是舞蹈十级还是肢体不协调，只要你想，就只需要冲进人群中去跳动！不论你是天生佳音还是五音不全，只要你想，就只需要放开嗓子去歌唱，去欢呼。就像三毛说的："我爱哭的时候便哭，想笑的时候便笑，只要这一切出于自然。"生命短促，没有时间可以再浪费，一切随心自由才是应该努力去追求的，别人如何想我便是那么的无足轻重了。去享受生活，因为"生活比梦更浪漫"。

"

疯狂的帽子

第八天

Day8

遥望驯鹿，
参观北极科考站

8月2日上午，我们再一次在海上巡游，去造访Krossfjorden的7月14日冰川。这是以法国国庆日命名的16千米的冰川，冰川是由一个法国探险家命名的。

冰川上融化的痕迹，就像两道车辙

红嘴、黑脚、翅尖有黑色的斑点，是三趾鸥的三大识别标志

橡皮艇巡游途中，可以见到北侧的陡峭山壁有成千上万的三趾鸥，它们的叫声连绵不断形成背景音乐；海鸠则是在竖立的悬崖峭壁上形成一排。崖壁上也栖息着几只漂亮的北极海鹦，它们跟海鸠似乎保持着一定的距离。海鹦一般把巢穴筑在沿海岛屿的悬崖峭壁上的石缝沟中或洞穴里，巢穴主要用作休息、睡觉和储藏食物。

北极海鹦（*Fratercula arctica*）是鸻形目海雀科的鸟类，亦称海雀。主要生活在挪威北部的沿海地区，身长约30厘米，有一张大嘴巴，呈三角形，带有一条深沟。背部的羽毛呈黑色，腹部呈白色，脚呈橘红色，面部颜色鲜艳，像鹦鹉那样美丽可爱，因此，人们称它为海鹦。海鹦靠捕食海洋鱼类为生，是世界上潜水本领最强的鸟类，能潜入200米深的海水中，捕捉到能填满宽大嘴巴的鱼时才浮出海面。

雾气昭昭的山坡上，两只驯鹿在边觅食边行走

忽然，我们看到四只驯鹿，两只成年的带着两只幼崽，在远处绿色的山坡上奔跑。由于距离有点远，我们的周边又是雾气昭昭，很难拍到十分清晰的照片。北极驯鹿与世界其他鹿类的主要差异有两点：一是雌鹿同雄鹿一样，都长着树枝般的角；二是驯鹿入冬时向南迁移，早春时向北迁徙，长途跋涉数百公里。

在长焦镜头中，我还看见一大片白颊黑雁（*Branta leucopsis*）在山坡上吃草。数了数，有80~100只。这种鸟类主要分布在北大西洋的北极岛屿，有三个独立的繁殖地和越冬区域，在斯瓦尔巴德群岛上繁殖的数量大约有24000只。

巡游回来的时候，在甲板上，张洛丹问我一个问题：为什么三趾鸥栖息在冰上，而管鼻鹱停留在水面。这问题，我真的回答不上来；后来问了船上的“鸟叔”，他也回答不上来。

以前在此地运煤的小火车

下午，考察船开到王湾Kongsfjorden的新奥尔松Ny Alesund，具体位置是北纬78° 55′，东经11° 56′。来这里的目的十分明确：造访包括中国黄河站在内的北极研究基地。

新奥尔松原本是个煤矿区。1916年挪威在此设立了煤矿公司，1962年发生了一次煤矿爆炸事故，造成21人死亡。这个事件造成当时的挪威首相及其内阁集体辞职，随后政府关闭了这里的煤矿。在这里，还保留着一列当年使用的小火车作纪念。

新奥尔松的著名还有另外的原因：1926年，挪威著名探险家阿蒙森和他的伙伴——意大利探险家诺毕尔从这里出发，成功地驾驶飞艇飞越了北极点，这是全世界首次。两年后，在另一次北极上空的飞行中，诺毕尔的飞艇与另一飞行物相撞失事，但活了下来，而阿蒙森，则在寻找诺毕尔的过程中，失踪了，再也没有回来。我每次来这里，都会跟心目中的英雄阿蒙森的塑像合个影。

新奥尔松北极科学考察活动的起点始于1964年，当时挪威政府和欧洲空间研究机构在这里联合成立了一个卫星遥感观测站。随后，世界各国陆续在新奥尔松设立考察站。时至今日，由60余座两三层小楼构成的新奥尔松，俨然是一座科研设施完善的科学城，挪威、德国、英国、日本、意大利、荷兰、法国等分别在这里设立了考察站，十多个国家的科研人员每年参与了100多个项目的研究。2004年7月，中国北极黄河站也在新奥尔松设立。

在这里，对我们来说，最主要的事情有两个：在黄河站门前合影，在全球最北的邮局寄明信片。

第一件事，按理说很容易，但其实不容易。因为登陆的时间不一致，同学们抵达这里之后就撒丫子了，有的去买东西，有的去邮局，一部分跟我直接

跟我心中的英雄阿蒙森合个影

来到黄河站前面。等了不短的时间，还差不少人，我于是折返回去喊大家来合影。好不容易我们的人凑齐了，北京的另一个团队也来凑热闹了。原本应该很冷清的黄河站门前，一下子像过节一样，就差收票了。

至于合影，则是各具情态：先是全体成员拍了合影，随后是各个学校各自留影留念。其中最搞笑的是成都石室中学的张潇杨，他竟然打出一张向全班师生问候的“薄纸板”，或者说“厚纸片”。

黄河站前合影

在这里，我们还遇到中科院地球物理所的一位研究员，他告诉我：这里此刻还有两个华东师大的研究生，但外出采样去了。的确，我在黄河站门前，看到两个塑料箱子上标着“华东师范大学”字样。

拍照总算结束了，很多人即刻拥入狭小的邮局。说是邮局，其实只是桌子上的两个纪念戳，房间内外各放着一个邮筒而已。好在外面还有一张木台子，可以写字和放东西。于是，同学们里里外外地忙个不停，给家里写明信片，成都石室中学的王典以她的视角记述了这一过程：

“

早就憧憬着黄河站的模样了，想象着那是怎样的建筑，是中式还是西式呢，它一定是嵌在雪国里的，轮廓应当是隐没在冰雪里的。然而真实的黄河站呢，看起来更像个小镇——下了小雨，路是泥泞的，窄窄的，人并不多，四周几乎都是中国队友，如若不是路旁的小屋全是彩色顶子而非褐色、青灰色，倒是有一种回到中国乡村的感觉，觉得莫名亲切。

到黄河站时大家都四散开了，激动地拍照，逛商场，再聚到考察站门口大约又过了40分钟。照相时很热闹，同队不同队的，同校不同校的都挤作了一堆，争着拍照。

更让我们开心的，是在世界最北的邮站寄出了饱含自己心意的明信片。邮站可真是热闹，一方小小的桌子围满了神情激动的我们，有掏出包里早已准备好的卡片狂敲纪念章的，也有龙飞凤舞写祝福的。我是最后才到的，卡片才写到一半，就只剩下寥寥几个七中的队友了，当我急匆匆填好地址，胡乱敲了几章，也没管印出来没有，抬头却发现此刻四周已是凄凄凉凉只剩我一个人了——顿时我吓得心慌，糟糕，不会最后一趟zodiac已经出发了吧，焦急地看了看表，虽说离规定时间还差三十分钟，可谁知计划会不会有变呢！四周的气氛确实有些可怕，天阴沉沉的看不见阳光，四下没有人迹，更加增强了恐惧感，完全没有了理智去思考自己设想的科学性！也不知道当时是不是脸色苍白，几乎是想拔起软下去的腿就跑，就在这时却听到船医充满豪情的声音：“Hi~”那一刻就像得救似的，仿佛从没听到如此亲切的招呼。

”

协助同学们打理完明信片等，我终于可以松一口气了。看看还有十多分钟，我便在新奥尔松这块不大的地方溜达起来。按照科学城的提示，有路和小桥的地方才可以走，我自然是不会违反。忽然，就在一栋房子后面，靠近海边的草坪上，我发现了一大片白颊黑雁，大概就是那位鹅教授研究的那一群。我悄悄靠拢过去，它们还是稍有点怕人，一边吃草一边向海边走。

1. 同学们在写明信片
2. 蒋函君、张洛丹在给自己的明信片盖纪念章
3. 张潇杨的横幅颇为个性化

就在这时，Woody也走了过来，可能是怕我走到草坪上去。忽然，他兴奋地说：快看！在北极雁的群里有一只加拿大雁！我仔细一看，果然有一只大雁的块头要远远地大于其他的个体，但也纳闷：从北美迁徙到斯瓦尔巴德，一方面距离如此之远，另一方面，这加拿大雁究竟图什么呢？后来，我专门查阅了加拿大雁的背景资料，才理解发生了什么：原来，这是一个引进种。

加拿大雁（*Branta canadensis*），为体形巨大的雁形目鸟类，成鸟体长可达100厘米，翅膀展开时的长度为160～175厘米，雄雌同形同色。雄性重3.5～6.5千克，雌性则稍轻，为3～5.5千克。成鸟头部和颈部均以黑色为基色，两侧颊部具三角形白色斑块，是辨识本物种的重要特征。加拿大雁为典型的新北界鸟类，广泛分布于北美洲各地，经过引种扩散至包括欧洲在内的世界各地，而有些引入种群逃逸野化而形成在当地自然生存的种群。

白颊黑雁为鸭科黑雁属鸟类，中等体型，身长58～70厘米，翼展132～145厘米，体重1400～2400克。羽色为漂亮的灰、白、黑色，背部色灰，面有白斑，是一种很容易识别的黑雁，颈部和胸部黑色，小脑袋纯白色，有灰色条纹环绕并与非常苍白的下体形成对比。腿和臀部是黑白双色相杂，嘴黑色并在眼睛前形成一块明显的小三角。它们是典型的冷水性海洋鸟，喜欢栖于海湾、海港及河口等地。主要以青草和水生植物的嫩芽、叶、茎等为食，也吃根和植物种子。

一只加拿大雁混在白颊黑雁的队伍中

傍晚，一起吃饭的时候，不知怎么就谈论起船上的伙食来。我是一个对吃特别不在意的人，真的说不出这些天都吃了些什么。不过，余思易可是有研究的，而且是分门别类。

“

首先是船上的饮料。船上在有重要事件时会有侍者端着热带果汁和香槟出现，而中晚餐的饮料以苹果汁、橙汁和柠檬水为主，早餐时则提供各种果汁和酸牛奶。四层甲板上的吧台也非常受大家欢迎，那里提供冰水、可乐、七喜、姜汁汽水、“Canada dry”等，而旁边的咖啡台则提供自助巧克力、各种袋泡茶、现磨的各种咖啡等等。

船上的早餐是三餐中比较不尽如人意的，只有面包、黄油、果酱、粥、煎炸培根和香肠等，是典型的西式早餐。而午饭相对的就比较丰盛了，二层甲板的餐厅提供自助餐，餐点通常包括一道鱼肉、两道肉食、两道甜点、两道素菜，饮料自助。五层甲板还有一个快餐厅，提供牛肉汉堡和热狗。餐厅中的牛肉汉堡做得相当地道，汁水被很好地锁在了肉里，还可以自由选择汉堡中的配菜和酱料，这应该是船上我最喜欢的餐点了。

船上会提供下午茶，通常是一些中式点心，如蒸饺、煎饺等，这道餐点比较受欢迎，以至于几乎一出来就被横扫，而船上只提供两盘，物以稀为贵吧。

晚餐则比较正式，有沙拉、汤、主食、甜点四道，沙拉和汤通常有两种供选择，都是一些比较常见的西式餐点。值得一提的是船上提供过一种“海军豆子汤”。这种汤因为美味和营养被世界各地的水手们所喜爱。另一特色是船上曾提供过鸡汤云吞，做得非常地道，让人赞不绝口，可惜错误翻译成了鸡汤而导致几乎无人问津，甚是可惜。主食通常有四种，鱼、肉、素食、豆制品。通常素食和豆制品的餐点会搭配饭食和面食，而鱼类有三文鱼、鳕鱼等多种。个人认为肉类是做得最好的一道，船上曾提供牛肉、鸡肉、烤鸭、猪肉等。而船上的甜点水平可以达到外面的比较好的西餐厅的水准，还有草莓、巧克力、香草三种冰淇淋。

最受好评的是那天的烧烤晚会，在五层甲板举办的烧烤提供烤肋排、汉堡排、热狗、烤三文鱼和烤鸡翅，完全自助，餐后还有自助冰淇淋，有各种小甜品供大家装饰冰淇淋，这可以说是船上最豪华的一顿了。

船上的餐厅还有一个传统，有人过生日时，船上的侍者会弹着吉他，唱着非常有水手风格的生日歌祝寿，蛋糕、蜡烛一样不缺，这时幽默的船员也会一起唱着“我不知道歌词，生日快乐”。

”

蓝蓝的冰，俨然一块宝石

09
第九天
Day9

独角鲸，
北冰洋跳海，冰川上徒步

8月3日，考察船抵达红孙岛（Hornsund）。早晨，我们乘坐橡皮艇在海上走了一遭，去看冰川。我因为到过南极，去年也来过北极，对冰川自然是失去了第一面的新鲜感和惊讶。但对于第一次到极地的中学生，尽管已经几次见到冰川了，依旧是有激动的感悟。华师大二附中的吴昆这样描述这次冰川考察：

> “
>
> 冰川中最有意思的是那种极大、成片的冰川，积在山脉前方，形成一道幕墙。我坐在冲锋艇上，来到冰川近前，可以看到海面上漂着大面积的浮冰，冲锋艇不得不降低速度，在海面上缓缓前行。那些浮冰，皆是从冰川上崩解得来，弯腰伸手就可以捞起那种小的碎片，半透明，里面还夹杂着气泡，凑在耳边还可以听到气泡的爆裂声，那是因为冰川由厚厚的积雪挤压得来，空气进入冰里。在北极最常见的冰川的颜色是浅蓝色的，基本上不再有冰那种透明的属性，远远看去，像有岩石的质地一般，那些海面

上大块的浮冰，也是这种蓝色。在浮冰上，常有海鸟栖息。它们受到惊吓时，会一齐飞起，那一刻甚是精彩！画面和声音，传递生命的活力。当然也有挂在山谷里的冰川，我见到一处冰川的表面颜色是淡淡的粉红色，这是因为在冰川的表面上长了一层藻类的缘故。冰川所在的山谷，其横剖面为抛物线形状，这种山谷被称为U形谷。这是因为原来河流流经的山谷被河水切蚀形成了U形谷，而在河水结冰时由于冰川对底床和谷壁不断进行磨蚀，同时两岸山坡岩石经寒冻风化作用不断破碎，并崩落后退，这样可以更有效地排泄冰体。

”

而余思易的描述则更像诗一般。

“

静海波平，苍天无际，在世界的极北之处，唯有冰雪以最为神秘幽静的姿态迎接我们。干净的色泽不含一丝杂质，澄澈依旧的是千年前的澄澈。几只飞鸟掠过天际，海豹扑腾起的波纹还在一圈圈地扩散，初阳的光彩已渐渐晕染了天空，光与影在琉璃、在白玉上瞬息万变。晴光雪霁，明烛天南，此时俱寂。

”

从橡皮艇回来，李磊老师和她的女儿向格林，以及成都七中的谢琳萱等几个同学又告诉我一个十分“精妙”的消息：她们见到了独角鲸！后来，谢琳萱和向格林发给了我这样一段让人羡慕不已且有一定科学内涵的文字：

三趾鸥起飞的瞬间

“

刚开始，Jaclyn带领我们在巨大的浮冰旁欣赏美丽风姿。眼前，那些浮冰，有的映出神秘的宝石蓝，仿佛是精美的艺术品在这极北之地绽放动人心魄的美丽；有的则像雪融后，万物复苏，山间上最初的一抹嫩绿；还有的则是洁白的冰层中夹着褐色泥土，这是冰川运动的结果。耳畔，是风的呼声，是海水拍打着浮冰的浪声，是浮冰中夹杂的气泡破裂时的“噗噗”声。聆听着这些声音，仿佛是在欣赏大自然最奇妙的演奏会，那旋律一直回荡在耳畔，回荡在心中。

就在一船人都沉浸在冰川的气息中时，导游Jaclyn突然叫道：“看那边，那有一只海豹！” 一船人都被她的话吸引，举着相机迅速转向她指的方向。水面非常平静，偶尔有一两块浮冰，但就在离我们二十多米的地方，有一圈水纹正缓缓地向四周蔓延开来。在比原来的位置偏左一点点的地方又出现了一个小小的水纹。我赶紧对准水纹把相机拉近，一个灰灰的像头一样的东西钻出了水面，带起了一点点小小的水花。四周一片快门声响起。它就这样破开水面，向左边一直游去。

过了大概五秒，我心中暗想：这次的海豹还游得蛮久的。突然除了那个灰灰的小点以外又有一部分灰色的露在了水面上，像个圆柱。我正疑惑这怎么跟之前看到的海豹不一样。Jaclyn在后面轻轻地道：“嘿，那不是只海豹。快看！它在喷水！” 抬头看去，水面上灰色的圆柱靠前一点的部分突然喷出一道水柱，水柱不高，大概只有几十厘米，迅速在空气中散落成无数小水滴。像一朵纯白色的蘑菇，突然绽放在冰天雪地之中。风平浪静的海面上突然起了一道小风，在风的微吹下，水滴渐渐地向后飘散。

有人在议论：“那是只鲸吗？”“也许是海豚呢？”“北冰洋哪里来的海豚……”“嘘，别叫，别惊动它！” 突然听见Jaclyn说：“It’s

NARWHAL, N-A-R-W-H-A-L。” 我们快速掏出手机查找单词。“独角鲸！是独角鲸！” 查出来的人兴奋地、小声地叫了起来。这时它又消失在了我们的视野中。

为了近距离观察独角鲸而不打扰到它，Jaclyn关闭了马达，橡皮艇随波漂荡起来。

大约十几秒之后，平静的水面上又有水纹浮动着，我们赶紧又转向水纹的方向，它又再次在附近出现。但是这次它换了一个游动的方向，从垂直橡皮艇游动的方向变换为朝着我们橡皮艇的方向。

近距离观察下我们发现这只独角鲸背部上面有大大小小深褐色、浅棕色以及暗灰色的斑点，如果不是它在游动，我们几乎很难把它与石头分辨开来。虽是幼鲸，但它的牙很长，目测约有1.5米，前端尖尖的，很锋利，我们都害怕它突然向我们游来，刺穿橡皮艇让我们落水呢！长牙被小baby藏在水面下，望过去像是通体乳白色的，发着幽幽光芒，仿佛是博物馆里展出的精美的瓷器一般。几秒后，它又潜入水中。这次的时间间隔非常短，几乎是一两秒之后又从水下冒头。然后向我们小艇的侧面游去。这次它游得很慢，而且逐渐将自己大半个身体冒出了水面，头小而身体挺大，浮在水面上活像个被从中切开的葫芦！它突然沉下了后面重重的身子，脑袋依然留在水面上，一个小点，突然又喷出了一点水柱，在它喷水的时候，小独角鲸只露出一个头和小部分背脊，勾勒出一小段优雅的弧线。别看这只鲸个头小，可喷起水来却是一点儿都不含糊，喷出的水柱约有一米高，散开的水珠在阳光的照射下发散出迷人的光芒。在青山绿水，蓝天白云的映衬下，独角鲸在水中惬意地喷水游玩着，那是一种什么景象，真美啊！

Jaclyn说道：“我觉得它是一只小鲸。独角鲸喜欢群居，我不知道为什么它一个人在这里。”在Jaclyn说话期间，它一直向我们的左边游去，仍然是呈一个前小后大的葫芦状。它又一次喷出了水柱，这次没有起风，我们静静地看着水柱直直地从空中降下。然后它从头开始，整个身体向下向下，沉在了水中。我们连忙四处搜索，它又在远处展现它优美的身姿去了。而且这家伙游得飞快，一会儿在这里，一会儿又在那里，再等一会儿又不见踪影了！仿佛在跟我们捉迷藏。几次下来，我不禁感叹道：“真是傲娇的小家伙啊！完全没有上镜意识！”于是乎，我们只能尽可能多地使用连拍。可惜哦，由于橡皮艇是随波漂动的，而且大家为拍到最佳特写总在橡皮艇上挪动，或趴在橡皮艇边缘，经常让放大到最大倍数的镜头内突然找不到目标了！我连一张正面的小脑袋都没有拍到！真是气愤啊！我们还来不及陶醉与气愤，它就消失了，无影无踪，无声无息。

在接下来的五六分钟里，整个船上的人都紧张兮兮地举着相机，向着船的四周看去，可惜平静的湖面上再也没有起过它标志性的水纹。直到Jaclyn说出那句“我们看来不得不回大船上去了”的时候，所有人才遗憾地收起相机。

橡皮艇又开始启动，带着后面划出的波浪，离开了这个水面平静的地方。回到船上，张教授、段老师急切地走过来问我们：“是不是看见独角鲸了？”“看到了！看到了！我们还录到了独角鲸喷水的全过程呢！”“快！快给我们看看。”段老师激动地说，“我研究独角鲸这么多年，还没见过它们喷水呢！你们真是太幸运了！”Jaclyn也过来要我们的录像。巧遇独角鲸这意外之喜是巨大的收获，让人兴奋不已！这次邂逅，将永远铭记在我们心中！

”

独角鲸（*Monodon monoceros*）又名一角鲸，可能是世界上最神秘的动物之一，它们只生活在北极水域。一般在楚科奇海、北冰洋、巴芬海湾、格陵兰海等寒冷水域活动。之所以称之为独角鲸，其实并不是长了一只角而仅仅是因为上颚生了一对齿， 雄性个体左侧的一枚齿呈螺旋形向外生长，外形似角罢了。这长牙最长可达2.7米；它与人类牙齿一样，充满了牙髓和神经。只不过它的表面附着绿藻和海虱，长牙通常呈绿色。初生的独角鲸长1.5～1.7米，成年后可长至3.8～5米，这还没有将它的长牙计算在内呢。独角鲸属于齿鲸类，腹白背黑，是小型鲸类。一般以鱼、乌贼、虾或其他海洋生物为食。其体表光滑无毛。无外耳郭，耳孔甚小。前肢鳍状，后肢退化。过去，人们常常把独角鲸看成是传说中独角兽的化身，一些国家的王室甚至把鲸牙当成驱魔与解毒的工具，所以独角鲸是吉祥物。中世纪，甚至更早的时候，独角鲸的长牙远销欧洲和东亚，被当作神兽独角兽的角。医生们相信把角磨成粉可治百病，甚至起死回生。因此独角鲸遭到大量捕杀，到今天据科学家估计，存活的独角鲸大约有八万头，但是具体数字无人能够证实。国际自然保护联盟已将独角鲸列为濒危物种。

独角鲸

下午，“海精灵”号组织了一次有点小疯狂的北冰洋跳水活动。有人怂恿我跳，我婉言拒绝。因为：第一，我没带泳裤；第二，膝盖最近一直不适，搞不懂是劳损还是受寒；第三，在一大群学生面前赤裸，还是保持点矜持为好。不过，对这样的事情，我是特别喜欢看热闹的，并且偶尔地起起哄，于是便到三楼的甲板上为勇敢的人们拍照。

前面跳了几个，都不是我们团队的同学，我随便拍了几张。忽然，看到了延安中学的沈泽源，我立刻认真起来，聚焦，再聚焦，我把他在北冰洋的泳姿定格在一个个瞬间。他后来这样发表自己的跳水感言：

“

这是在海精灵号上的倒数第二天，也是我认为在这数天内最为疯狂的一天，不为别的，只为那一个个勇敢地跳向北冰洋冰冷海水的身影，我也是其中一个。是的，你没看错，就是跳入北冰洋冰冷的海水！

船方开始介绍这个活动的时候，就使用了两个非常精妙的单词——brave and crazy（勇敢与疯狂）来形容这次活动！事实证明确实如此，不要以为这是夏季，海水温度不低，实际上只要看看不远处漂浮的大块浮冰你就能知道这海水的温度是如何的“舒适”。准备活动花费了不短的时间，不仅仅去除这身厚重的极地服，更需要花费大量时间去做一些热身运动——毕竟谁也没有感受过极地海洋的温度，谁也不想在这个时刻掉链子。我们结伴而行，刚刚踏出舱门的那一刻，你就能真切地感受到北极的刻骨寒意。没有衣服鞋袜的帮助，你能感受到一股股的寒流顺着你的血液流经全身上下。很快，脚就没了任何知觉，毕竟船体是钢制的甲板，寒冷地区的金属只会比天气更加寒冷。终于轮到我跳海了，做好准备，深吸一口气猛扎入水中，接下来就是无比奇怪的享受——除了最初的一下凉意，瞬间适应后并没有想象中的那种冰冷，四肢习惯性地开始游动，只是很可

跳入北冰洋！

惜，这回没几秒钟就被拉了回来。哦，原来是时间到了。

被拉上来后的我猛然间觉得，不能这么简单地就结束，这样的机会实在太难得，如果可以为什么不多尝试几回？返回船舱后，就又拉了几个同伙，再疯狂地跳一回！这次我学聪明了，在跳之前就和负责跳水的Woody说好，我一定要游到十几米外那艘拍摄用的橡皮艇处，没想到他爽快地答应了！这次我“仔细”地享受了入水一瞬间的刺激，顺利启动，十分爽快地游向那艘橡皮艇。那感觉，棒极了！原来只闻冬泳如何如何，这回自己体验了，虽然只有短短数十秒，但这种挑战生命极限时产生的满足感让我终生难忘。回来后，舒适地泡在5层甲板的温泉池内，远处的冰山、近处的小艇融为一体，感受着极地的温暖，也在畅想着原来现实可以比梦境更美好。

”

不过，同样一件事情，成都七中的女生袁青芮描述出来，就大不相同了。

“

我做了一件直到现在都无法想象的事情：跳进了北冰洋！跳之前，想想都觉得是一件非常可怕的事情，后来不知怎么回事，开始觉得来北极若是不能和北冰洋亲密接触，岂不辜负了此次北极之旅！趁着一股冲劲，回房间换了衣服就过去了。在等待跳水的长长队伍里发现，哪里有女性啊，队伍里齐刷刷地几乎全是男生，当时就有些退缩了。

到真正站在跳台面前时，在寒冷的空气中已经瑟瑟发抖的我才真正意识到，这一切不是简单的“走吧，我们去跳海”一句话可以囊括的。浮冰时不时漂过，我听见上面下面的人全在呼喊我的名字，却脚步畏缩、犹豫不前。回头张望，只听到催促声：“去啊！跳啊！跳啊！”再看了看漂浮着雾气的海面，抱着前所未有的“大不了横竖就是一死”的决心，纵身一跃。一瞬间，冰冷的海水没过我的头顶；下一瞬间，再也感受不到海水的冰冷，知觉麻木了。一大口咸海水猛地灌进我嘴里，大脑瞬间空白；恐惧紧紧地攫住了我全身，那恐惧里甚至包含着死亡。我身体动弹不得，再下一瞬间，才想起我需要氧气，拖着感知不到的四肢死命往上浮。谢天谢地，终于有一股强大的力量把我往回拖，然后便触到了扶梯，一小步一小步地慢慢爬了上来。

接过工作人员递过来的浴巾和巧克力，岸上的人问我感觉如何，第一句从我头脑里冒出来的足以形容的话就是“跟死了一次一样”。真是如此啊！对于向来怕冷、连冷水澡都没洗过的我来说，跳进北冰洋该需要多么大的勇气！同时，这勇气也是不计后果的。那短短的几秒钟，现在想起来仍然心有余悸。几近零度的海水从脚尖到头顶，身上的温度被掠夺得丝毫不剩。现在可以知道，跳进北冰洋便是一种极其有效的“一分钟速死法”。我终于彻彻底底体会到了“冰爽”到底是怎么回事了。后怕却又庆幸：他们只是站在船上笑着、照着，我却多了一辈子都难以忘怀的经历。我可以自豪地说，我是一个勇敢的人！

”

读完袁青芮的这段话，我似乎觉得：我们这些没跳北冰洋的人，尤其是大男人，似乎要有点自卑了。

随后，再出发，我跟Woody一再强调：我们务必要登一次冰川，或者说在冰川上徒步。这是我去年的经验：在冰川上拍照，是最美的。后来，沈泽源描述了这段美丽和美好的时光：

“

徒步冰川是北极科考中最危险，但也是最刺激的项目。三十三人排成一字长蛇，前中后各有一名持枪向导，除了保护队员，还要时刻提防北极霸主——北极熊的造访。由于张老师有丰富的户外运动经验，再加上三位向导，以及三只雷明顿700ADL（雷明顿700的民用版本），意味着安全和力量，同学们只需注意脚下，防止滑倒。一些同学三三两两组成小组，互相提醒照应，在极地恶劣环境下最耀眼的永远是同学们克服困难的意志和真挚的友情。

由于全球变暖，北极冰川不断融化，特别是夏季温度相对较高，许多冰盖融化速度更快。在之前的行前准备中，从张老师的介绍和许多图片资料中了解到，冰川裂缝是徒步冰川头号杀手，最危险，也是需要各位小心的。冰川在运动过程中互相撞击，会形成许多大大小小的裂缝，加上冰融水形成了一条条溪流，使冰面因融化等原因坍落而形成大小不一的裂缝或洞穴，这些裂缝通常被冰雪覆盖，不易被发现。如果落入其中，你将永远

孩子们在冰川

高靖，尝尝海冰什么味道

来自北京的三个小伙伴

被埋于冰层之下。也许我们只是北极科考中年纪最小同时也是最业余的一支队伍，总领队Woody可能选择了一条相对更安全的线路，沿途没有遇到想象中的困难和危险，即便如此，仍有几名同学不慎滑倒，好在有惊无险。正当大家全心注意脚下之时，不知是谁，发出一声惊呼。原来，远处冰山坍塌，巨大的冰块跌落海中，蔚为壮观。其实在听到声响之时，崩塌已接近尾声，所以没能来得及用相机记录这一时刻，但瞬间的震撼足以成为北极探险记忆中一颗最为闪亮的珍珠。深入冰盖后到达目的地，大家都激动地拍起了照，但此时的向导却很紧张——这是北极熊最容易进行偷袭的时刻，因为天生的保护色可以阻止我们发现这些凶猛的食肉动物。

极目之处，洁白的冰山连绵不绝，近处的冰川断崖透着诱人的蓝色，分明好似大块大块的施华洛世奇水晶，而脚下和着土色的冰凌就如同遒劲的苍龙。没有人为的雕琢，但是自然之神的鬼斧神工依然可以塑造出精美的工艺品——虽然美丽中的危险无处不在。

”

行走北极

张一苇的描述则有所不同：

“

在短短的航程中，我们通过两种方式接触了各种冰川。其一是乘着橡皮艇在一定距离之外观赏。其二是为数不多的，亲自踏上冰川，感受冰川。每每看到那些绵延不断，雄踞在山谷之间的冰川时，其雄伟之感并不输于任何一片海洋。

当乘艇逐渐接近任意一片冰川时，总是避免不了与海中成群的破碎浮冰相遇相撞。将手伸入北冰洋刺骨的海水中，费力捞上一块晶莹剔透的浮冰时，很难想象，若干个星期以前它还是这整座冰川的一个小小的部分。每当橡皮艇压过一块冰块，总会发出“咯噔”“咯噔”的碰撞声，这样清脆的声音给了每个人与冰川接触的真实感觉。然而接近到一定的程度后，冰川的颜色并非每个人想象中的那样，冰川通体都是洁白的泛着淡淡的蓝光。反而显得十分“丰富”——有的部分的确是洁白如雪，靠近海面的部分大多数的确是显现一种优美的淡蓝色，但总有些灰黑色的条纹穿插在整个冰川之中，显得相当突兀。那些黑色的条纹是冰川重新凝结时水流将四周山上的尘土冲下沉积所致，不仅确实是冰川的一部分，更是冰川历史的一种见证。并且，当我们正对冰川遥望时，能看到冰川上部似乎有层叠状的结构，那是每一年冰川融化又重新凝结所成的一种独特结构，往往通过研究这种结构就能推断冰川的年龄与走向，这是对时间的一种浓缩。

之后当我们亲身踏上冰川的那一刻，又完全是另一种美的感受。其实看似平整的冰川表面，到处都被细细的水流所分割，动静结合，相当独特。俯下身子触摸冰川的表面，除了寒冷，坚硬得甚至感到几分扎手。而即使是如此坚硬的冰川，也免不了崩塌，落入海中的宿命。在冰川上行走，每过十几分钟，就能听见不远处传来雷鸣一样的巨响，冰川的一角崩

典型的北极冰川

落，雪白的浪花四溅，激起了层层波浪，给人无比的震撼。

极地荒芜，每一片冰川年复一年融化凝结，即使是那些落入海中的部分，终也有一天会回到这原本属于它的地方。风吹日晒，却无所影响，用来形容冰川，最好的单词，恐怕是英文中的still。因为它们悄然无声，岿然不动，却将每一段的时光忠实地记录下来，坚定，透明。”

余思易的，则又是不同味道：

“远看冰川，极似一条山上飘落的白绸，一端是天空，另一端是海洋。

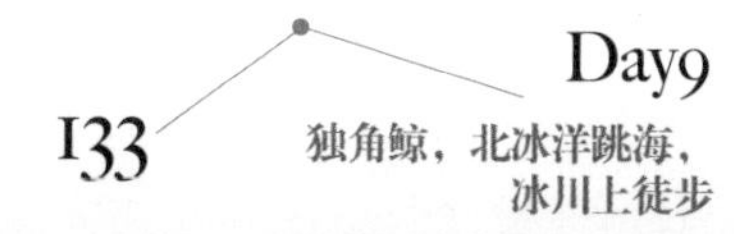

冰川移动的痕迹一目了然

冰川上散发着幽蓝的光，静静的还能听到冰融化的声音和潺潺的水流声，甚至能听到冰川开裂的声音，仿佛是冰川在呼吸，在轻语。冰川上很滑，有许多小裂缝分布其上。只有走在冰川上时，人类才会真切地感到自己的渺小。人类的一生对于冰川来说只是渺小的一瞬间，无论过了多少年，冰川总是几乎一成不变地来迎接我们世世代代的人类。前面是一望无垠的冰原，后面是一望无垠的海洋，我们只是在其中移动的几个小点，时不时有冰会从冰川上裂开，造成一片巨浪。这场面难以言喻，震撼人心。

”

回来之后，已是傍晚六点钟，我给同学们作了一场报告“科学研究中的领导力”。这是我在动身去北极前两天，在北京给参加“中学生领导力大赛”的700多学生作的一场报告。李磊老师知道后，就建议我在船上给来北极的同学也讲一下。我想也好，可以给学生讲一下做科研的思路，对他们可能会有帮助。

报告的内容分为四个部分，前三个内容是配合“领导力大赛”：科学研究的自我管理，科学研究的团队管理，科学研究中的社会责任感；第四个内容我是自己加上去的：科学探险中的领导力与责任感。

就在报告过程中，我发了脾气，或者说有点发怒了。一个男同学在我作报告的时候，不断地跟旁边的女同学兴奋地聊着不知道什么话题。我先是停顿下来，等他不讲了，又继续我的报告。谁知，我重新开始讲，他也重新开始聊。我于是直接提醒：“我作报告的时候，请不要讲话！”他于是安静了一会儿。谁知，我再次讲了没多久，他竟然又跟旁边的女生眉飞色舞地说个不停。“一个好的听众，是报告人讲的时候一言不发，报告人讲完之后提出好的问题，甚至难倒报告人，那才叫有水平。”

傍晚，又发生了一个小插曲：成都七中的一位男同学到我的房间拷贝当天的照片，我让他在我做U盘复制期间，到三楼在广播里通知大家：明早就要下船了，同学们尽量今晚就收拾好东西，避免明天一大早手忙脚乱。他帮我做了，谁知在广播之后，他竟然插了属于自己的一句话："北京××网的同学，请不要乱动机器（播音器），大家很讨厌你们这种行为。"他回来取硬盘，我只问他："你怎么能这么说话？人家会以为是我让你说的。人家如果做得不对，你如果有意见，可以悄悄地告诉人家，怎么可以在广播里这么说人家？"我让他回去向人家赔礼道歉，他也只是在广播里草草地说了一句。

于是，我只好向李磊老师反映此事，表达了我的诉求。一小时后，李老师安排一个女同学在广播里表示了歉意。我不想评价别人怎么怎么样，即便他们真的还需要进步，我只希望自己带的队伍，是一支文明之师。

嗨，现在的孩子，一个比一个有个性！

靠近冰川的海精灵

10

第十天

Day10

返回朗伊尔宾，参观博物馆和种子库

8月4日，早晨六点多钟，“海精灵”号抵达朗伊尔宾，大家开始手忙脚乱地收拾行李。其间，一会儿这个找不到相机了，一会儿那个找不到船上发的冲锋衣了；还有几个，在船上购买的东西，迟迟没有结账。看来，昨晚的广播收效不大。总之，不亦乐乎。

吃罢早饭，我们收拾行囊开始下船。从自己房间的甲板阳台最后回望一眼北冰洋，恋恋不舍。其实，我相信很多队员都会有这样的不舍之情，张一苇就这样描绘这片大海：

“

在海上航行的七天旅程中，几乎每天晚上一切活动都结束后，我都会到房间外的阳台上听着音乐吹一会儿海风，注视着大海出神。海面上不时传来波涛的响声以及海鸟的鸣叫，享受着各种天籁共鸣中的那一份宁静，那一种飘逸的超脱感。对于海洋，我在意它独特的声音。如果将眼睛闭上，仔细地辨识着每一段进入脑海之中的音频，那样的享受绝对不亚于欣赏任何一场音乐会。周而复始的波涛声，是一种最美的旋律：平静的海面，波涛平缓，似摇篮曲一样安静轻柔。疾风骤雨的海面上，仅仅是听那海浪拍击船体的声音，就好像是贝多芬的《命运交响曲》一样，令人无比激动，心潮澎湃。而其中不时夹杂着海鸟的鸣叫声，海豹的交流声，雨幕对海面的拍击声。众人皆知，这些美丽的乐章，仅仅是海洋不经意的杰作。古往今来，它一直回荡在这一片海洋之上，毫无改变，然而谁能不为这无比壮丽的音符所折服！

当我立在栏杆边眺望远方时，我发现了海洋的另一种美——颜色。幼时，我一直以为海洋的颜色是那种充满泥沙的浑浊的黄色。之后，我从各种摄影的照片中看见了像宝石一样剔透的蓝绿色的海水。但那绝不是这广阔的海洋真正的颜色，应该是一种极近于黑色的深蓝色。即使当最明亮的阳光照耀到海面上时，也无法将这深深的蓝色照亮，仅仅只是为它添上了几分璀璨。这片深蓝色，牢牢地掩盖住了在海面之下的一切事物，留给双眼的只有无边的深邃与神秘，无限的审美联想。我深深赞同世界上最美的颜色是蓝色。

然而，海洋最独特的品质，在于其无边的空间感与无比的体量。所谓大象无形，在海上，放眼四周，只能看到海面与天际的交界线是屡见不鲜的情况。同样，任它海面上是多么剧烈的狂风，多么滔天的巨浪，在海面之下的世界，依旧是无比的平静。在时间上，海洋意味着永恒；在空间上，海洋代表着巨大。因此，海洋有着最为朴素的性格：沉稳、宽厚。

海洋的朴素与丰富，让我在面对它时始终保持沉默，保存着一份最崇高的尊敬。同时，它也不断地启发着我的思考，关于生命、人和世界的各种关系与问题。虽然它不能给予我任何一点答案，但是这种思索时的沉默就是它最好的馈赠。海洋，亘古不变的伟大。它永远以一种最低调的方式给予着每个与它相遇的生命各种礼物，影响着他们的生命。

”

心里默默地说一句：北冰洋，别了，明年再见。便拿着行李，登上前来接应的巴士。一遍一遍地查人数，生怕有学生还留在船上。就在纳闷有几个人不知跑哪里去了的时候，走下巴士，看见三个女生慢吞吞地从船上走下来，拖着行李、背着背包，眼泪汪汪地跟船上的领队依依不舍地道别，一个女生还将自己的镜头盖掉在地上。我在国外走得多了，了解中西方文化的差异。于是便用尽耐心，把三个女生接应到等待我们的巴士上。

乘车来到Guesthouse，这个宾馆下午三点才可以办理入住，所以我们只能将行李暂时寄存在这里，随后集体徒步到Rica Spitsbergen酒店。我们预定的时间是12点，到达这里才10点多，我们来“蹭”这里的免费上网，下船之后第一时间的网络联系，我便是在QQ群里，向所有的家长报平安，发了几张北极科考的照片。

一口气处理完邮件，也到了该吃午饭的时间。中午吃的是Soup Buffet，好像就是奶酪做的汤，中间夹杂着一些小龙虾和海红（蛤蜊）。后来向同学们做了一个小调查：少部分同学喜欢，大部分不喜欢。很巧的是：在这里，我竟然不期而遇我们协会的常务副秘书长李杰，他和他的伙伴带领20多个客人明天上船；而协会主席高登义教授和国际合作部部长刘丽正在Ortelius船上。有点意思：北极活动，尤其是青少年科考，看来很重要的比例是“中国科学探险协会”的人在执行。

下午两点钟，我们返回Guesthouse，跟已经在此等候的女导游Ingunn见面，她带领我们去参观朗伊尔宾的几个景点。其中第一个就是Guesthouse旁边一百米处的画廊，其实也就是一些关于斯瓦尔巴德的绘画和照片。额外的一点收获，应该是顺便喝到一杯香槟。

三点整，重新集合，这次是有车来接。我们登上巴士，去参观斯瓦尔巴德博物馆。这个博物馆的主题是人、动物和自然之间应该如何共存，每一件展品，无论是海豹、驯鹿、野鸭还是猎人小屋、矿灯都贯穿着这一主线。博物馆被展板隔成内外两部分。内部是以北极熊、海豹、驯鹿和极地苔原植物标本组成的生态展区；外部则主要是实物和各种模拟场景。博物馆最著名和引人注目的是一具北极熊标本，它是朗伊尔宾最后一只攻击过人类的北极熊。1995年秋，一名游客在朗伊尔宾城郊被这只北极熊攻击致死，其后又发生过多起北极熊伤人事件。当地警方曾打算组织力量猎杀这头熊，但当地居民均表示反对。一年后，这只熊再次对在野外做实验的斯瓦尔巴德大学的老师和学生发起攻击，当它离人还有一米半的时候，被开枪打死。这头熊随后被解剖，人们才发现它至少半年没有吃过东西了。此后，朗伊尔宾再也没有发生过北极熊攻击人的事情，因为再也没有人发现过它们的踪迹。

四点钟，我们重新回到巴士上，去参观斯瓦尔巴德岛全球种子库(Svalbard Global Seed Vault)和熊标志Bear Sign.

这是位于朗伊尔宾郊区的一个人工山洞，2008年2月竣工并投入使用。洞中就是世界末日种子库，旨在防止植物因天灾人祸灭绝，为植物学家提供种子基因。这座种子库的建设目的，是把世界各地的各种植物种子保存在地下仓库里，以防因为全球物种多样性迅速减小造成物种灭绝。挪威政府和全球农作物多样性信托基金(The Global Crop Diversity Trust)建设的斯瓦尔巴德岛全球种子库，可以储存来自100个国家的1亿种作物种子。斯瓦尔巴德岛全球种子库的储藏区位于一座砂岩山下一百多米深的地方。挪威之所以会选择在这里建设种子库，是因为这一地区地质活动较少，而且处于永冻土地带。由于这座山位于海平面以上一百多米高的地方，即使冰雪融化，这座种子库仍会很干燥。 在这座种子库零下18摄氏度的低温环境下，存放种子的盒子都进行过真空密封处理，用以限制氧气透过量和降低代谢活动。在位于一条125米长的隧道末端的储藏室，即使不使用电动制冷装置温度也不会超过零下3.5摄氏度，所以大部分作物种子可以保存几百年。首批储存在这里的种子包括水稻在内，来自123个国家。挪威政府为末日种子库的建造提供了资金支持，全球农作物多样性信托基金帮助进行管理，同时筹集日常运营所需资金。值得一提的是，将种子存放在这里并不收取费用。据联合国粮农组织估计，全球农作物品种中已经有四分之三停止种植。基因僵化后，农作物更易受疾病、害虫、干旱或者其他威胁侵害。末日种子库能够保护农作物的基因多样性，对确保未来粮食安全至关重要。目前储存的种子种类在75万种左右，其中包括1500种秘鲁马铃薯种子、太平洋岛屿本土香蕉种子以及啤酒大麦种子。

参观种子库

就在参观北极熊标志牌的时候，我们还看到一个出乎意料的奇观：公路上突然蹿出一辆四只爱斯基摩狗拉着狂奔的小车。刚准备好相机，狗拉小车早已绝尘而去。在这北极世界，不同寻常的事情真是随时可能发生。

狗拉车，很给力

五点钟，我们抵达CROA，又吃了一顿Pizza，中间发生了一件好玩的事情：来自北京的杜伯超跟高靖打赌，吃多少块Pizza。后来我听说，他吃了21片，相当于两个半；他吃剩下的Pizza边，竟然摆满了一盘子。杜伯超这样记述这段故事：

“在朗伊尔宾，我们先后在CROA吃了三顿西餐。这是一个充满了北欧风情的饭店，全是木质的墙壁和桌椅，墙上挂了很多动物的皮毛，画着北极熊和矿工的油画充满了整个墙壁。我喜欢吃的是这里的Pizza。第一次，在没有爸妈的监督限制之下，我吃了13块，美美地饱餐了一顿。第二次来吃Pizza的时候，饭量不大的高靖对我上次在这吃了13块Pizza耿耿于怀。他不忿地对我说，如果我能吃到20块，他就喊我爷爷。我不服气，拿起了一大盘；随着块数的增加，高靖的脸色越来越不自然，我则是越战越勇连吃了21块，最后一块因为我们都是北京来的好朋友就当赠送的吧。高靖开始

熊出没，我来了

耍赖了，最后在我不懈的纠缠之下，我终于如愿以偿地得胜了。吃过饭，我撑得几乎站不起来了，连续走了20分钟才缓过劲来。

同样一个故事，高靖从自己的角度也写道：

杜伯超从来都是大胃口，别人的家长都叫自己孩子多吃点，可他的父母只能在他狼吞虎咽之时说句“慢点吃”或者“少吃点”。这也使他有了一米八八的身高和160斤的体重。在我们首次到达朗伊尔宾城并在这家Pizza店吃Pizza的时候，他就以13小块的优异成绩力压群雄。第二次来的时候，我跟他说：“有本事你吃20块！”“没问题。”我俩打了赌。

他看似很自信的样子，我心里很怀疑一个和我一样大的人居然可以吃到我的3倍的饭量。我们整个团是每人一盘Pizza，每盘8小块，20块等于吃了2盘还多，这基本上是不可能的，所以我也很相信他吃不了那么多。

可是一开始吃，我就被他吓着了，只见他一手抓一块Pizza，两口就把一小块给吃完了。我劝他慢点吃，可他却说：“没事。”眼看着盘子里的Pizza一块块少了，我越来越后悔和他打这个赌。他吃完第19块的时候，得意地说：“我觉得我还没撑，20块以上肯定没问题。”我再次被他吓到。

就在我眼看着第20块Pizza被送入他嘴里的时候，他又再次抓起一块，一口就给吞了。我的眼睛顿时要掉了出来，心里满是疑惑，我不相信他的胃是肉做的，也不相信他只有一个胃。我发誓下次再也不和他在吃的方面打赌了。相比在北极看见的饿死的北极熊，我们人类实在是太幸福了，不愁吃喝，还时不时地打赌浪费。

与他们俩形影不离的伙伴任午阳，对此还有额外的注解：

> 其实整个事件是由刚刚抵达奥斯陆四川餐厅的一件事为导火索的。当时，杜伯超童鞋声称“不太饿”，一个人便吃了5碗饭。在后来机场的Pizza店里，该童鞋又说着“不是很饿”一人包了我们一桌四人近一半的Pizza（另一半我们三人一起吃都没吃完）。而在朗伊尔宾充满海豹皮与木头的Pizza店，第一次该童鞋又吃了13块Pizza（我清楚地记得我吃了3块，就有八分饱的样子），我们真是惊叹于其无底洞般的饭量。终于，第二次在CROA吃Pizza时，高靖童鞋悍然豪赌；不过，如果他将赌约提升至25块，说不定就能赢了。

吃完Pizza，六点多钟，我们步行回到Guesthouse。按照自由组合的原则，来自成都七中的陈恭懿跟我分配住在一个房间。随便洗了洗衣服，整理完日记，

这是杜伯超吃剩下的Pizza边

便休息了。不过，我是睡下了，不少活跃的同学可是没睡。李欣辰就描述了发生在她和陈力铭身上的故事：

“

晚饭后回到Guesthouse，便邀请王典、袁青芮、朱雯颖陪我去采样。要不被外国人发现，还要顺利采到北极棉好像有点艰难。就在我们偷偷摸摸地忙活时，还有两个北欧帅哥骑着自行车很欢乐地路过。

就在我们有说有笑地走在路上时，迎面走来两个背着行囊、衣着朴素的老爷爷。看到我们，他们犹豫了一下，停下脚步笑着问我们："中国人？"我们点点头，心里顿时有一种温暖的感觉。聊了几句后，我们才知道原来两位老爷爷是住在瑞典的华侨，还是上海人。听到他们用上海话热情地同我打招呼，眼眶居然禁不住湿湿的。其中一位老华侨是瑞典爱立信的高级工程师，已经在瑞典住了30多年，此次是来度假的，很巧地同我们住在同一家旅馆。临别时，他们还热情地欢迎我们去斯德哥尔摩做客。在这样一个遥远而陌生的异国城市里，见到了同乡的喜悦真是无法形容。

后来，我们看到河岸对面有一幢白色的屋子，一副与世隔绝的样子。便沿着一条粗糙的水泥公路朝着那里摸索过去。走到跟前，一根高大的石柱引起了我们的注意，上面有一个人的侧面像和一堆让人摸不着头脑的挪威语，我们不禁有一点毛骨悚然的感觉。好在朗伊尔宾没有黑夜，鬼屋的气氛也就些许淡了一点。不经意间，抬头看见有几个金发碧眼的年轻人冲我们笑，隐约的灯光让我们逐渐开始怀疑这里或许是一间餐厅或酒吧。愣是绕着那栋诡异的白房子整整一圈才找到了正门。轻轻推开房门，一种温暖的气息扑面而来：简洁的吊灯，细纱的窗帘，一看就很舒服的沙发，还有扑鼻的咖啡香气。我们连忙脱了鞋子，钻进了屋子里。吧台后一典型的北欧帅哥热情地招待了我们，于是，我们四个就捧着果汁或茶这么静静地

迷路的小鸟　李欣辰 摄

坐着，享受这难得的片刻宁静。

正当我们推开门准备打道回府的时候，居然很巧地遇到了团里的另一群人，捧着一只毛茸茸、刚出生不久的小海雀。他们发现这个小生命的时候，看到它进退两难，以为它受了伤便把它救了下来。更巧的是，他们在这家餐厅门口遇到了一群生物学家，因此正打算把它放生。看着一队人护送着小家伙渐行渐远，我们便也安心地往回走了。

然而，我们刚到酒店没有多久，他们也到了，两个男生扶着陈力铭很艰难地下了出租车。原来，为了把小海雀放到适合它找回家的地方，陈力铭在爬上山坡时，扭伤了脚，旧伤复发。我们一行人见状，赶快帮着把她扶上楼。一个中年外国人也猜到发生了什么，很热心地为我们提供帮助。他先让我们把她送到浴室里，用冷水冲一下肿起来的地方，然后指导我们去找纱布来固定。一切准备停当后，他便仔细认真地开始了包扎，十分专业。我们在一旁一边担心着陈力铭的伤势，一边为这位叔叔专业的架势感到惊叹。之后，我们询问他是否是医生。他微微一笑，说自己只是学过基本的first aid急救知识而已，我们顿时感到这样的普及教育还是相当有必要的。”

11
第十一天
Day11

化石山上找化石，访问朗伊尔宾大学

8月5日，上午九点，我们在Guesthouse前面会合，去化石山采化石，顺便看一座冰山。准时地来了两个导游，各带了一只格陵兰犬，属于纯种的爱斯基摩犬。其中一个导游叫Tom，来自英格兰；另一个忘记了名字，来自澳大利亚。一只黄色的犬叫Dessy，另外一只黑色的叫Spot，两只犬颜色相差很大，竟然是同一窝出生的。

朝着化石山和朗伊尔宾一号冰川的方向进发，沿途有点崎岖，余思易这样描述这段路程和自己的经历：

> 在朗伊尔宾河的最上游，能看到河水来自两股，都是冰川融水形成的，其中一股便来自朗伊尔宾冰川，又称作一号冰川。我们在两名向导及两只爱斯基摩犬的带领下，向着山中进发。山路非常难走，很陡峭，有幸牵着狗的我则是真的领教了它们的力量。同学们有的人鞋子不防滑；还有

我抚摸着那只可爱的爱斯基摩犬

一个女同学膝盖有积水，行走不方便；大多数男生便自觉地站在外侧。不多久，我们走到了化石山上。一个领队介绍说，这座化石山里有许多远古时期的化石。我找到了一块餐布大小的山毛榉化石。山毛榉是几个不同类型树种的通称，尤指山毛榉科山毛榉属约十种落叶观赏植物和材用树，分布于北半球温带和亚热带地区。看化石的叶较宽，应为欧洲山毛榉（F. sylvatica）。由此可见，斯瓦尔巴德很可能在历史时期曾经处于温带，或者受温暖的气候影响，或者与欧洲大陆相连，这在另一方面也能说明为什么斯瓦尔巴德群岛有着如此多的矿产。在这些石头中，掩藏着不少化石，大家纷纷开始寻找。

由于没有装备，时间也有限，我们此次不能登冰川，但这对于研究水文的我来说是一个绝佳的机会。我拿出采样瓶，走到河流的最深处，发现河水来源于一条巨大的冰裂缝，便走入其中。取完水之后，向导发现了我，急着冲过来让我离开。后来我才知道，那里的冰随时可能移动，站在裂缝中间是十分危险的。

”

满山遍野找化石

成都四中张潇杨对整个化石山考察的记录则更加详细：

“

最开始的一段路虽然因为前一夜的小雨而有些泥泞，但是这并不能成为同学们的困扰，大家甚至有精力边走边和那只体型巨大，和名字完全不符的爱斯基摩犬Spot玩耍。然而，当走到朗伊尔宾河边时，真正的考验才开始。这一片区域地势稍微平缓，河流在此分成了数十股小溪流，穿梭于碎石之中。在几股较大的溪流上，有木板搭建的简易桥梁，因此大多数溪流必须跨过或者是跃过。然而，很多石头看似厚重、稳定，但是却“暗藏杀机”。越过了朗伊尔宾河，队伍才真正开始爬上化石山。山路陡峭、狭窄而泥泞，有些同学的鞋子不防滑，一个女同学膝盖还有积水，几个比较矫健、装备较适合的男同学上前帮忙。

齐心协力之下，我们很快爬到了预定位置。聚集在化石山上唯一的一块没有碎石、仅有五六平米大小的平地周围，向导介绍了化石山的概况、化石的种类、注意事项和集合时间。随后，我们开始了自由探索。不少同学领到了地质锤，四下散开，三三两两地开始咚咚咚地砸起了石头，试图敲出一两块隐藏的化石。我和张晰则想近距离地去看化石山尾部的冰川，并且沿路寻找化石，于是便结伴向冰川进发。我们在高低起伏、布满尖锐碎石和各种“摇晃陷阱”的化石山中前进，花了至少15分钟，才抵达了冰川近处。我们想起向导提醒不可上冰川，便只是站在近处，没有继续前进。而就在我们正准备记录一下坐标时，刚才还在那块平地上的向导不知什么时候像幽灵一样出现在我们后面，大喊：“这里已经是冰川范围了！虽然你们踩着的是泥土和碎石，其实下面是正在融化的冰川！很危险！快回去！”——据可信目击证人胡慧珊描述，向导基本上是以“飞一般的速度”，无视一切地形障碍，仅仅用了两三分钟就越过了我们全速前进了15分钟的路程！原来这里暗藏着这种危险！我和张晰立刻退了下来。

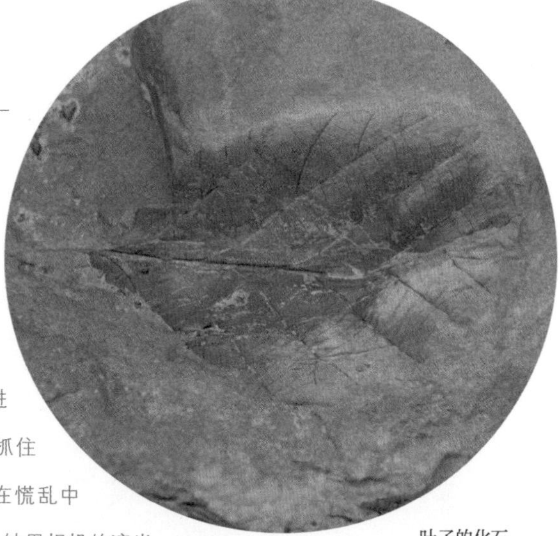

返回的路上，我们再一次地攀上一个坡度超过45度的碎石山坡，因为在这个山坡的底部，有一条水量较大的地下河从碎石中喷涌而出。正当我们在讨论张开河把相机镜头掉进北冰洋的时候，张晰手上抓住的石头突然脱落了下来，在慌乱中他的手打到了自己的相机，结果相机的遮光板脱落了下来，径直掉入了河中。只见遮光板在汹涌的水中一沉一浮，不时被石头挡一下，直到三四秒钟之后我才反应过来，对着还在发呆的张晰喊："去追一追试试，向下一点河流分岔了，速度也慢了，你也许还捡得回来！"于是他也不管什么稳重了，三两下便跳到河对岸，跑向下游。不料，这条我们没有走过的沿河的路线还有更多的陷阱，他一脚便踩进了一个沼泽，把脚陷了进去，等他拔出脚来，河中早已没了遮光板的踪影。不过所幸张晰穿的是一双防水的靴子，除了鞋子脏了一些没有大碍。这之后我们前进得更加缓慢谨慎了。

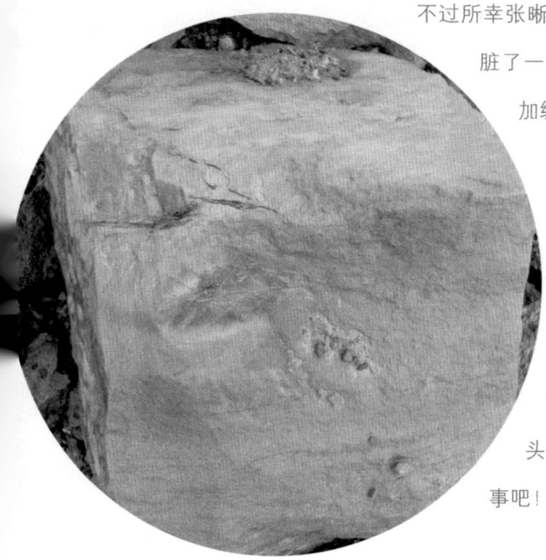

叶子的化石

走了一段距离，张晰发现了一块化石，于是呼叫我过去，我急切地想看一看他的发现，于是看见前面很明显的一块沼泽中有一块大石头，我想："这么大的石头，即使是在沼泽里踩下去也应该没事吧！"于是便毅然决然地踩了上去，结

我发现的植物化石

果出乎意料的是，这块石头完全就是一个大大的陷阱！“唰”的一下就全部陷进了沼泽，连带我的脚也进去了，更可恶的是，我穿的不是靴子而是旅游鞋！于是之后的路程我便只好穿着湿的袜子和覆盖了很多泥的鞋子前进。50分钟的时间很快就过去了，采集了一些石头，有些同学还采集了一些煤炭。向导收起放在平地上的夹心饼干和热水，收集了所有的垃圾，开始带领我们返回。俗话说得好，“上山容易下山难”，上山时的山路不觉得有多少难度，然而下山时却是觉得惊险无比，一边是散落着石头、坡度超过30度的山坡，一边是虽然不深但是侧壁超过50度、底部充斥着尖锐碎石的山沟，脚下是泥泞湿滑又陡峭狭窄的山路，同时大家又都有些疲惫了。于是在比较危险的地方，总有同学会先找到一个稳定的落脚点，拉着后面的同学通过，保证安全。就在这时，张教授还一边开玩笑一边提醒大家：“大家走路慢一点，不要跑，如果一不小心掉下去了，你可能会很不舒服。”着重强调的“舒服”两个字，再看看山沟下的碎石和高度，大家都笑了起来。哪里是不舒服啊，简直会要命的！

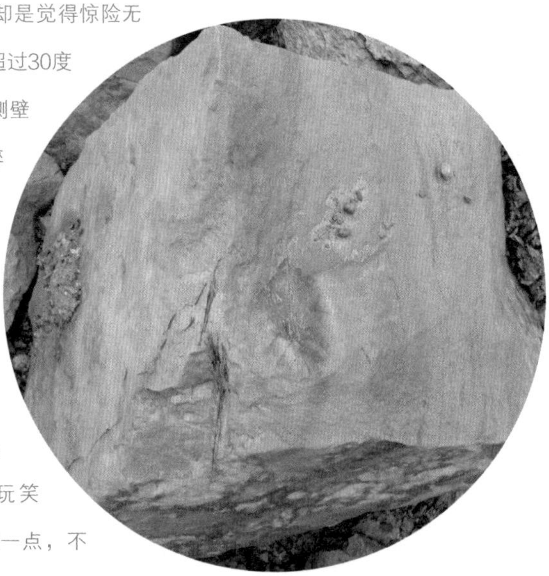

植物化石

又到了河流分岔成几十条小溪的地方，或许是大家都想到了前面平坦的道路，都放松了一些。在过简易桥的时候，我刚刚走过桥，听见一个同学正在讲他多么倒霉，不仅相机镜头掉进北冰洋，刚才在化石山上，踩哪块石头哪块石头摇晃。话音还没落，只听哗啦一声，人就不见了。原来他在上桥前一秒踩滑了，直接坐进了溪流里。所有人愣了四五秒钟后，才有人伸出援手拉他从冰冷的冰川融水中出来。更倒霉的是他竟然穿的是抓绒裤子，背包也不防水，手机也打湿了，裤子也吸饱了水。事后有人问他，你为什么不一骨碌爬起来呢？他说："摔进去的时候我的手至少还是干的，水那么冷，我把手放进水里撑自己起来岂不是还要把手给冻着！"太搞笑了！

”

中午，在CROA吃了一顿味道不错的三文鱼。

下午两点，我准时到与斯瓦尔巴德博物馆位于同一座大建筑之内的斯瓦尔巴德大学——UNIS。在前台接待处，见到Elise，她是学校的教育专家。Elise先给我们介绍了学校的历史、目前的学生情况，以及四个研究中心。她的介绍，跟中国科学探险协会常务理事、新华社名记、我特别尊敬的一位长者和朋友——张继民先生2001年发表的一篇文章《挪威斯瓦尔巴德大学——世界上最北的大学》里的内容竟然没有多少变化。

“

在朗伊尔宾城，有一座引人注目的三层小红楼，占地仅三千二百平方米，这就是斯瓦尔巴德大学，来自挪威和世界其他国家的二百四十多名学生在这里学习。斯瓦尔巴德大学为挪威政府直属大学，从一九九三年八月开始招生，一九九四年学校正式成立。学校目前有北极地球物理、北极地质、北极生物及北极工程科技四个系，每年开设三十七门课程，全部用英文授课，培养本科生、硕士生和博士生。

作为世界上最北的大学，斯瓦尔巴德大学有许多与众不同之处。所有新生入学的第一周必须接受野外生存训练，要学会射击、搭帐篷、野外做饭、驾驶和修理雪地摩托车等。这是因为这里的学生需要经常到野外进行

Elise

科学考察和实验，这些技能是必不可少的。

斯瓦尔巴德大学另外一个特殊的地方就是，这里的学生来自五湖四海。据介绍，二百四十多名学生分别来自二十个国家，其中大部分来自北欧。斯瓦尔巴德大学已经成为世界北极研究的重要机构。学校里环境幽雅，现代化的设备和良好的氛围同外面荒凉的冰雪世界形成了鲜明的对比。

”

Elise在报告中给我们展示了一段录像，记忆深刻的一幕，是一个学生，在同一地点拍摄冰川运动。结果显示：冰川每天向前运动20多米；不是平移，而是向前滚动。

随后，我们仔细参观了学校的各个部门。这里有一个中国的副教授和一个

持枪的向导和爱斯基摩犬

博士研究生，可惜目前不在。三点多结束访问，我把自己的书送给她，向她表示感谢。

吃罢晚饭，回到Guesthouse休息。几个同学在做中餐，两周来顿顿吃西餐，还真是有点不合口味，我喝了两杯“中国汤”。我住在宾馆北侧的房间，通过宽大的玻璃窗，看到两个穿着我们队服的女同学在山坡上测量植物和记录。仔细辨认，认出是成都七中的蒋函君和邓茜戈。两个小女生，能如此自觉地做课题，不简单。我喊来同楼层喋喋不休聊天的几个同学来观摩。立刻，两个学生被感动，蹦蹦跳跳地出去为她们拍照。后来，我收到两个女生，蒋函君为主、邓茜戈为辅，发给我的如下一段文字：

“

对于这次北极之行，我（蒋函君）本来是抱着来看看的心态，因为爱好旅游，想要体验进入极圈是什么感觉。谁知张教授来七中第一次讲座时，得知要带课题去北极，经过仔细的对比与个人爱好，我选择做植物物种多样性和地球纬度的关系这项研究。这不仅让我收获了许多关于植物的知识，在北极做课题也是从前想不到的事情，另外也是对我意志的考验。

我的课题主要是通过野外植被调查，分析植物物种多样性、群落类型、优势物种生活型沿纬度梯度的变化规律。这项研究的原理是用一定面积作为整个群落的代表，详细计算这个面积中的植物种类，确定优势种，再和北半球不同纬度地区的植物种类作比较，发现规律。其中最需要用到的研究方法就是样方调查法，这需要实地去设置样方，而且还需要选取有代表性且自然生长的1平方米的土壤来做。

来北极之前，我就曾经在成都的郊外提前做过一次，没想到我和另外一个同学忙活了一个小时才做出来一个，可见一个人做就更困难了。赶忙拉上我的室友邓茜戈，我们因为都做植物的课题，之前也把房间调在一起。邓茜戈想研究的是北极植物与成都同类植物的形态结构对比，从而找到抗寒的秘密。

科学的道路是崎岖的，就算你只想知道很小很小的事，也需要提早安排，细心地写计划。此次北极之行，除了对生活的感悟，收获最大的也就是科学探究的艰辛与严谨。这些感悟都得益于那个寒风凛冽的傍晚。

挪威时间晚上八点一刻。虽然穿着厚厚的防寒服，高领毛衣的领子已经护住了眼睛以下的部分，但来自四面八方的风仍然充斥着我们做样方的地方。我们翻过一条很宽的地面管道，到了住的五号楼后面自然生长的一大片山坡，明天就要离开朗伊尔宾回到奥斯陆了，错过今晚的机会可就采集不到高纬度的植物了！

在极昼的日光照耀下，傍晚的天色依然没有暗下去的征兆。邓茜戈先从包里掏出一把卷尺，比画好1米的长度，再摸出一根4米长的红绳圈。我和她一起将红绳圈拉开理成一个比较标准的1平方米的正方形，并且用GPS测定经纬度。然后再给总体及周围大环境拍照，接着分析总体长势好不好，稀疏茂密，发芽开花还是落叶。每每我蹲下来细数这个区域内的物种数量时，总会十分惊叹，如果只是漫不经心地走过去，只会看到大片绿色的苔藓，但是真正蹲下身耐心地去观察它们时，会发现许多形状各异的植物高高低低各不相同。一个一个地数，一个一个地测量，如果遇到不认识的植物还要根据植物的特征记录下一个好记的名字，拍下照片回去再查证。游标卡尺是必不可少的工具，邓茜戈拿着记录数据的表格和笔在一旁记录着，而我则在圈好的红色方框内数植物总数、每种植物的丛数，接着，取下刚刚把手焐热的厚手套，在包里摸索一阵，拿出游标卡尺开始测量一株株植物它们的胸径、高度，观察物候期……

苔原植物常具大型鲜艳的花和花序，如勿忘草、罂粟、蝇子草的花色便鲜艳欲滴，而且北极植物花的特点是大部分向着太阳开放，并呈杯形，这可能与尽可能多地采集太阳光有关，这对于开白色花的植物尤其重要。有些植物则能在开花期忍受冬季的寒冷，如北极辣根菜的花和幼小的果实在冬季有时被冻结了，但到春季解冻后则继续发育。对北极植物而言，能在低温下保持生长是最重要的适应。由于地下形成永久冻土，仅在夏季，上面浅浅的土壤层才融化，植物便只好在此扎根。而且由于土壤的垂直排水能力很低，所以植物的根几乎淹在其中，缺乏足够的氧气和营养，致使其生长极其缓慢。正因如此，许多低矮的苔藓连游标卡尺都不便于测出它的高度，只有取样回去另找测量方法。

微笑的蒋函君

我始终认为这些植物是有感情、有思想的，它们能长成这样的形态都是有一定的缘由。我和邓茜戈就这样沉迷在朗伊尔宾的植物王国里，虽然用游标卡尺测量胸径高度时手都快冻僵了，但是为了完成课题也坚持完成了预计的五个样方并且采到了满意的样本。最后快做完时，还遇到了胡慧珊和张晰两位拿着相机来拍我们，真是受宠若惊啊。

我对自己在北极的取样非常满意，回房间就马上小心地区别出来装进标本夹。这也算是我自己成功的挑战，虽然不是极度寒冷，但是在近于零度的条件下能够和邓茜戈合作给实地研究做完美的收尾是非常令人开心的，这便是我到现在为止最大的收获。

我为北极植物生长的毅力而惊叹，也为自己的进步感到欣喜。”

张一苇取样

12

第十二天

Day12

告别北纬78度，返回挪威首都

8月6日上午，我一边在Guesthouse等待大家交钥匙，一边翻阅《斯瓦尔巴德植物图鉴》，鉴定我拍到的一些照片。中午，跟同学们在RICA饭店会合，吃罢中饭。随后的午后一点钟，我们再次齐聚Guesthouse，准时登上大巴，向机场出发。

在朗伊尔宾机场托运行李的时候，我竟然又非常巧地见到去年在船上结识的当今全世界最顶尖的探险家Borge Ousland。在去年的游记《带着学生去北极》一书中，我曾经这样介绍他：

"把Borge Ousland这个名字百度一下，会得到如下的信息：2012年4月，挪威探险家Borge Ousland与爱人在冰天雪地的北极点举办了婚礼，成为世界上举办极地婚礼的首对夫妇。尽管自然条件恶劣，这对夫妇依然遵循了家族传统，并且举办了小型宴会。Borge早在2006年就被美国《国家地理》杂志誉为当代最为成功的极地探险家。他从小在挪威伴着冰雪和滑雪

朗伊尔宾机场巧遇探险家Borge Ousland

板长大，曾是海军特别行动队成员；1994年从西伯利亚出发独自穿越北冰洋并抵达北极点，从而引起国际关注，而此前无人在没有援助和沿途补给的情况下独自完成这一行程。此后，他又完成了多项无援助的极地探险。”

去年暑期，Borge带了两个助手，历时十天，横穿了整个奥斯特芬那冰盖。今年同一时间段，他带领更多的户外爱好者，来这个全北半球最大的冰盖玩穿越。他还告诉我，在我的协调下，他已经给中国科学探险协会主办的杂志《DEEP中国科学探险》写了两篇文章。于是，经过三方的同意，我引用发表在这个杂志的一篇题为《伯格·奥斯兰极地探险三十年》自述文章中的几段故事，介绍这位有缘的朋友，美国《国家地理》探险杂志2006年2月号将他誉为当代最为成功的极地探险家。

Ousland和他的伙伴在北极　Ousland 供图

“我的第一次旅程并没有带着那么多哲学想法。22岁时作为一个专业潜水员，我在海上工作，这是一份刺激的工作，吸引喜欢冒险的人。在这里我认识了同样喜欢探险的两个朋友。我们都喜欢户外生活和冒险，一直在找寻比滑雪穿越挪威山更有难度的事。两年后，也就是我24岁时，我决定开始第一次探险活动——我们几个决定滑雪穿越格陵兰岛冰盖——对于在极地地区生存没有太多经验的我们来说，这是一个艰巨的任务。

穿越格陵兰时我们受冻挨饿，犯了很多错误，但这次探险是我学到最多的探险之一。经历一番艰苦之后学习到的东西，会让你懂得下次怎么做得更好。这是一次传统方式的探险，同Nansen与Amundsen完成他们的探险没有什么不同。比如，在GPS还未开发的年代，我们用六分仪（航海定向仪）来导航，我们穿羊毛和棉布制成的衣服。这种方法是奏效的，它有优势让我至今仍然在探险中选择使用。这次格陵兰探险是我探险生活的开始，但那时我们还只是三个没有目标和方向的爱冒险的小男孩。

在我去格陵兰的同一年，美国《国家地理》杂志刚好登载了一个大篇幅的有关北极的文章，它激发了我。如果说格陵兰之旅算是小儿科，那北极的旅行是非同小可的。于是，我向北极出发了，这是我真正探险生涯的开始，这是我的最勇敢探险之一，也一直启发着我此后的旅行。

一次偶然的机会我认识了Erling Kagge和Geir Randby，他们两个人也计划着去北极旅行，我们决定结伴而行，此次的目标是到达北极无人区的极点。在那以前，人类只依靠狗和雪地摩托到达过极点，没有人将所有装备和食物放在雪橇上，滑雪到达过极点。很多人认为这是根本不可能的，我们每个人都拉着将近130公斤重的东西。最终，我们成功了。

1993年，我约上一起穿越格陵兰岛的Agnar Berg，又一次向北极出发，去法兰士约瑟夫地群岛。1895年伟大的挪威极地英雄弗里乔夫・南森离开佛兰特后就是在这个岛上度过了冬天。我们计划从Nansen过冬的地方出发，穿越冰川到斯瓦尔巴德；一共500公里的旅行，两个月完成。

我们设法滑雪穿越群岛到法兰士约瑟夫地群岛和斯瓦尔巴德之间的海边，但问题接踵而来。在一些地方，厚重的浮冰和多年的陈冰完全是粉碎冰，导致我们很难穿行。旅行中段时，我们突然被一场风暴袭击，迅速向南漂移至巴伦支海。主要是风导致了冰川漂移，因为所有的山脊都竖起来了，一天之内我们往南漂移了40公里。当感受到来自附近外海的海浪时，我们知道开始靠近外海了。冰上下起伏着，我们起床后听到一声巨响。“肯定是帐篷下面的冰裂了。”我对着Agnar喊道。外部的水不断地涌进正展开晾干的睡袋，我们快速钻出帐篷，割断连接帐篷的所有线，把所有设备都拉到一块更安全的大浮冰上。这真是太危险了，还好是在我们清醒时发生的，否则我们很容易就溺亡了。在这样的情况下，继续前行并不明智。我们用旧收音机联系斯瓦尔巴德岛上的猎人，他们负责轮流联络营救服务。他们刚在斯瓦尔巴德岛上建立了一个直升机场，我们的位置刚好在能搭救的范围内。

1994年3月，在一年的准备之后，我准备一个人完成北极之旅。带着沉重的雪橇站在那里，面对着眼前等待穿行的一千公里浮冰，我只想说，恐惧也可以是一种美妙的感觉。恐惧积极的一面是它让你活下去，就像动物害怕危险一样。它让你更小心，更多地考虑风险，准备好预防措施。

但是当我准备继续前行时，我必须告诉自己这类旅行的实际情况，明白与冰在一起的孤独是怎样的。你不能逃离寒冷，因为这大概是旅行中最糟糕的事情。它总是在这里，帐篷里面和外面一样寒冷。最好的办法是保持移动和滑雪，当你运动肌肉时就能保持温暖。大多数情况下，在帐篷内保持生命是最困难的事情。即便帐篷挡住了风，但是里面和外面却一样寒冷。仅仅是将冷空气吸入和呼出肺部，就足以使人体从内部开始冷却，肌肉被激活用以维持人体核心的温度，你会整晚地打哆嗦而无法得到休息。

新的一天开始，又是一个清晨，你不知道自己会遇到什么艰难和危险。但是笑着去面对每一天是一个很大的优势，早上的惯常程序包括猫在睡袋里给小炉子生上火，做一顿不错的固体早餐。将融化后的雪水灌入保温瓶，然后钻出睡袋。最后一件事是穿上鞋子，尽可能长时间地保持热度。通常我感到脚指头冷时，需要花好几个小时再让它们暖回来。下一步是走出去，把帐篷打包好放在雪橇上。

每天的行程由一个半小时走路和15分钟的休息组成，还包括坐在雪橇上吃食物和喝饮料。白天我会反复做这些，直到10个小时过去。此时需要找到一块平坦适合野营的地方，将帐篷支好后钻进去。不过在此之前，还要把北极熊的报警器设置好。每天晚上我会围着帐篷建一个网，连接到一个小闪光弹上，当被一只饥饿的北极熊攻击时会触发它发出巨响和亮光。这足以让我能睡个安稳觉，我知道我被保护着，不需要半醒着去听外面的熊的脚步声。

黄昏是我认为最好的时光。白天的工作已经完成。我会感到舒服，给自己弄一顿温暖的晚餐，包括冰冻的肉干、磨碎的土豆以及黄油。之后写点日记，听会儿音乐，再看会儿书。我有一个小包里面装着为了这类旅行选择的诗集。每个晚上我随机选择一首诗，对文字的好奇让我获得除了冰雪之外的思索。

我不断激励着自己前进，一天又一天。我更加适应这里，在寒冷中更好地工作着，在不熟悉的环境中睡得更好。直到一天我抬起眼睛看向北方，确定我已经做到了。在52天后，我达到了目标。这次旅行代表着我精神上完成了一次从未达到过的最大飞跃，也是我最棒的胜利之一。我不仅仅只是克服了浮冰和水道，我战胜了我自己。

经过北极和南极探险的历练，我的目光开始转向登山。我不是一个登山者，在登山方面算个外行。但是对一个探险家而言，尝试新领域总是具有诱惑力的，当然必须站在世界最高的山峰上。1998年，为了学习攀登技巧，最开始我和来自波兰的马立克・卡米斯基去了位于玻利维亚6200米高的华诺・波托西峰。选择这个地点是因为我们宁愿在一座容易攀登的山上犯错误而不是在一座更高和更难的山上冒险。这一次攀登成功的关键，仍然是经验和全面的计划。接下来是继续进阶的训练，下一个挑战是相对容易的一个8000米高的山峰，1999年我攀登了卓奥友峰，这是世界上名列第六高的山峰，相对来说是比较容易攀登的。但最大的挑战在于它的海拔，我在惊叹如何能攀登到那么高的地方。一切都很顺利，我登上顶峰之后安全下山。

两次的攀登和训练让我信心大增，于是开始计划挑战世界最高峰——珠穆朗玛峰。由于穿越北极探险，攀登珠穆朗玛峰的计划一直延后了几年。2003年的3月我飞到加德满都，从珠穆朗玛峰的南面开始攀登。

前期的攀登一切都很顺利，我很好地适应着周围的环境，状态很好，天气也不错，直到最后一天，2003年5月22日我们开始向山顶进发。我很有信心到达顶峰，但是和我一起登山的夏尔巴人却遇到了麻烦。他非常疲倦，我不得不在路上一直等他，消耗着我瓶子中宝贵的氧气。在接近南侧山峰时，我看见他靠在崖边休息，我决定往回走，看看他怎么样。他吐字不清，看起来非常累。他的氧气已经用完了，我帮他换了一瓶新的之后，他才开始好转一些。当我问他是否想先回去时，他点头说是的。向导下撤后，我继续前行，但是在南侧山顶时，我只剩下半瓶氧气。我能看见山顶

极地的早晨　Ousland 供图

把衣服冻干　Ousland 供图

在碎冰间腾挪　Ousland 供图

刚穿越一道冰隙　Ousland 供图

就在那不远处，但是我还需要1个半小时才能到达。我知道我没有足够的氧气支持我安全地上山和下撤，所以我还是决定就地返回。这是一个让我非常自豪的决定。很多登山者迫切地为了登到山顶而死在了下山的路上。”

故事引用到此，我对Borge已经充满了敬意，不仅为他勇敢的探险精神、丰富的户外生存知识和经验，也更为他的理性和善良。

经转Tromso，傍晚回到OSLO。小齐导游向学生们介绍了在挪威的生活，尤其是北极这样的科学探险以及在国内发表一些文章对于未来在国外联系学校和找工作的重要性。

十点多，我们到四川饭店吃晚饭，我大声告诉大家要抓紧时间。中间看到两个女生在不紧不慢地聊天，我再次提醒包括她们在内的同学要少讲话、快吃饭。过了大约二十分钟，李磊老师吃完了，说走，我于是招呼大家该走了。立刻，两个男生大声抗议“怎么会这样”。我立刻回应道：“我们一再提醒大家要快点吃饭，你们光说话不吃饭怪谁？”

到了车上，我让导游小齐解释为什么吃饭的时间这么短。于是，小齐告诉大家：“这个司机的责任就是把大家从机场送到宾馆，考虑到大家可能饿了，跟老先生商量在餐馆停留半小时到一小时。”我追加了一句：“在西方，个人休息、度假时间是至高无上的，这个司机已经为我们加班让我们吃饭了，不抓紧吃就是自己的事情了。”其实，我也是利用这个机会给同学们一个信号：在北极的考察船上，节奏是非常散漫的；但现在到了北欧，集体出行，每个人都需要抓紧时间而不能拖拖拉拉的。

开车走了不长时间，我们便到了Scandic宾馆，入住。

13
第十三天
Day13

奥斯陆的一天

8月7日上午，参观了两个博物馆，一个是海盗船，也就是两艘小船，没留下什么深刻的印象；另一个是民俗，看到了一段表演，还算是有点小特色。再随后，参观了奥斯陆大学的一个学院，诺贝尔和平奖颁奖大厅等等，印象都比较平淡。但跟我的感觉相比，成都石室中学的王典则对奥斯陆以及奥斯陆人赞赏有加。

“

奥斯陆不愧是挪威这个世界上最适合居住国的首都，给人的印象是干净明朗。整个城市仿佛被森林包围着，又或者说它本就是镶在绿林中的明珠。零零散散的彩色小房子落在山丘和小树林的交际，远一些的，就若隐若现；偶尔爬出个头头儿，有点雨后草地上蹿起的花花绿绿的小蘑菇之味，可爱之至。用刚出浴、透着圣洁光芒的天使来形容奥斯陆，一点不为过。

至于奥斯陆人，则更是因为友善而留给人美好的印象。记得当日七个学生和两位成人领队去参观National Gallery，学生免票而成人需买票，但导游和售票的姑娘说，他们都是远自中国而来的优秀学生，姑娘当即便免了那两张票。虽然两张票也不会太贵吧，但他们诚挚地欢迎远方的东方游客，却着实为他们加分。在机场托运行李，按当地规定，不论重量，第二件行李是必须付费托运的，而我恰有两件不得不托。导游用挪威语与金发碧眼的长官交谈了一会儿，行李便得以免费托运，省去了450克朗。确实不得不感叹于当地人的友好呀！”

中午，专门预订了一顿挪威特色餐：吃肉丸子，还是蛮有特色的。据说给我们准备这道餐的主人——奥斯陆的第一家华人餐馆，头一天晚上就开始准备了。真是感激！

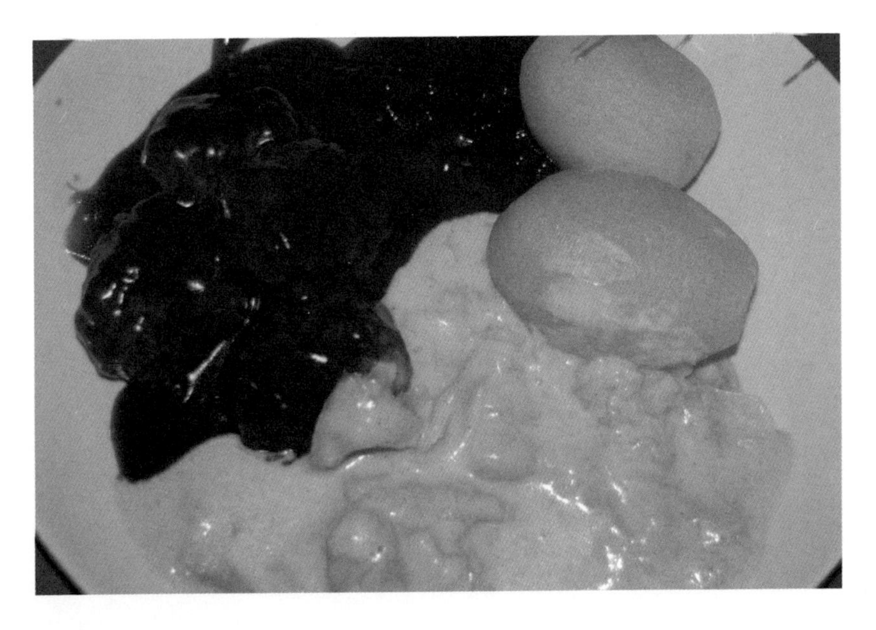

挪威经典菜——肉丸子

歌剧院

下午去参观奥斯陆歌剧院（Oslo Opera House），李磊老师以“出水冰山”为题这样描述这座崭新、洁白、壮观和曾经有争议的艺术建筑：

> 我对北欧几国的印象，大多来自广告。有“留住您微笑”的沃尔沃和“发现可能”的宜家，有“科技以人为本”的诺基亚，也有“玩得开心”的乐高和“PROBABLY THE BEST BEER IN THE WORLD”的嘉士伯。而挪威呢？除了石油、易卜生和多次被盗的表现主义之父蒙特的《呐喊》，我现在才发现，还有全世界唯一一座可以在屋顶漫步的奥斯陆歌剧院！

奥斯陆歌剧院位于巴亚维卡半岛奥斯陆市中心东端的滨海地带，是挪

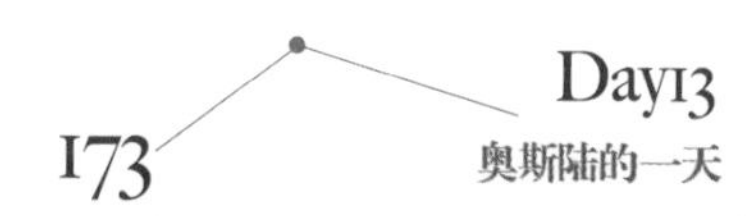

威的国家歌剧院。占地近4万平方米，工程耗时10年，总投资达8亿多美金。是挪威700多年来规模最宏大的文化艺术类建筑，被视为当代挪威民族精神的象征。它建成后，立即取代了著名的悉尼歌剧院而成为世界最高档的歌剧院，是2008年10 月在世界建筑节开幕式上赢得了文化类大奖的歌剧院，被誉为自19世纪以来全球最佳的歌剧院。我久仰大名，而今得以幸会，心里确实有些激动。

此次北极之行，我两次路过奥斯陆，来到峡湾欣赏它的风采。尤其是第二次，这是一个下午，晴空万里、艳阳高照的好天气，在蓝天白云和蔚蓝色海水的衬托下，这座由白色大理石铺成的“出水冰山”在阳光下无比

歌剧院全貌

耀眼，光彩夺目，富有个性。

剧院从峡湾中拔起，通体雪白。它的外部建材是意大利出产的白色大理石——这种石材的最大特点是被海水浸泡仍能保持原有的光泽和色彩。那巨大的白色大理石屋盖将内部空间整体覆盖，远观犹如庞大的白色“地毯”，令整个建筑如同巨大的大理石冰山漂浮在海面上。内部建筑分为芭蕾舞剧场、歌剧院和休息区。采用了大量波浪形的高级橡木墙体，使这被巨大波浪墙体包裹的剧场具有很强的视觉冲击力，象征着巨大的船体在海洋中航行。橡木的装饰也彰显着挪威人浓厚的木质情结。但是由于这些橡木是从德国进口而非挪威原产，也曾引起不小的争议。后来是在挪威加工，赋予其“挪威工艺”的含义，才渐渐将争议平息了下去。还有一处构思巧妙的细节，出人意料。几面透空的白墙，从渐变的菱形孔洞中发出绿光，不乏轻灵。进去一看，居然是厕所！让大家赞叹不已，纷纷拍照留影。

我最欣赏那由3.6万块白色意大利大理石铺就的斜坡和花岗岩的斜屋顶。斜坡从海水中向上伸出直到斜屋顶。这斜屋顶其实是一个公众广场及直通海的坡道。在斜坡上、屋顶上，到处可见观光的人、日光浴的人、看书的人、嬉戏的人……他们是那样的闲适、惬意、快乐。从他们的身上，我仿佛看到了摒弃虚荣浮夸、回归质朴的挪威人的本质。他们崇尚民主、自然、和谐、朴实之美。他们不为生活所累，而是享受阳光、享受生活。我实在是羡慕他们。

面向群山，沿坡道缓缓而上；登上屋顶，远处峡湾旖旎的风光尽收眼底。我不禁停下脚步，忘记了时间，静静地用心去感受挪威人深深的大海情结和对大自然的热爱。

很遗憾，两次参观，都与剧院的演出失之交臂，仅仅在开放的外部空间走马观花，而未能走进剧院里参观游览，进一步领略其高雅艺术宫殿的格调气质，了解它优良的演艺功能和欣赏艺术家们的精彩表演了。

离开剧院，我回眸一望，在北欧这昼长夜短的盛夏里，“冰山”那不羁的身姿在灿烂阳光映照下闪烁着耀眼的光芒。我不禁赞赏挪威政府的雄心：通过挪威歌剧院这一地标性文化设施的建造来提升挪威的影响力，凸显社会及经济重要性，成为当代挪威国家品质的纪念碑。这雄心，已经变成了享誉世界的现实。

”

晚饭也是在一家不错的华人餐厅，吃的是烤三文鱼。

14

第十四天

Day14

抵达童话王国，参观菲德列古堡

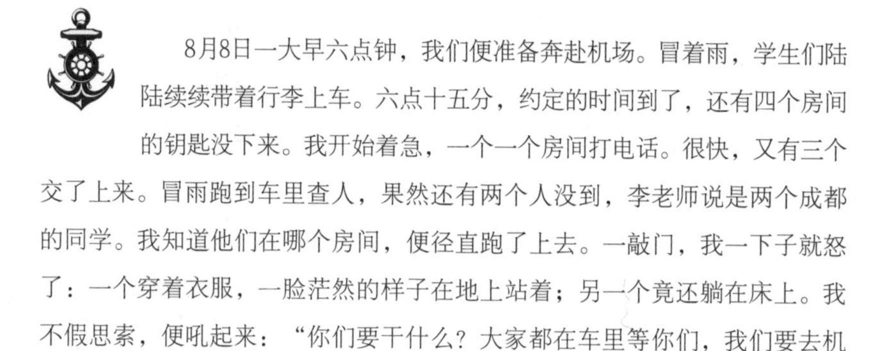

8月8日一大早六点钟，我们便准备奔赴机场。冒着雨，学生们陆陆续续带着行李上车。六点十五分，约定的时间到了，还有四个房间的钥匙没下来。我开始着急，一个一个房间打电话。很快，又有三个交了上来。冒雨跑到车里查人，果然还有两个人没到，李老师说是两个成都的同学。我知道他们在哪个房间，便径直跑了上去。一敲门，我一下子就怒了：一个穿着衣服，一脸茫然的样子在地上站着；另一个竟还躺在床上。我不假思索，便吼起来：“你们要干什么？大家都在车里等你们，我们要去机场上飞机了！”

还好，没耽误事。中午十一点半，我们的飞机降落在哥本哈根机场。前来迎接的是符导游。哥本哈根下着小雨，我跟他简短沟通之后，决定调整行程：迅速吃中午饭，到酒店入住和更换一下淋湿了的衣服，随后去菲德列古堡参观。

路上，这位对我还不了解的导游跟我协商：参观这个古堡是不在计划之中的，能否每人支付20欧元，他负责门票和讲解。我记忆中去年是每人花了15欧元的门票，便直接拿出俊鹏给我准备的行程单，给他看我们计划支付给他的小费。毫不客气地说：我们支付你的小费足够高，这毫无疑问包含了你所有的服务，王宫内的讲解是理所当然的。他应该看得出我是“老江湖”，便只好满口答应。

行进在古堡外围的花园里，天下起了雨。我在一棵树下躲避了一会儿，拍摄了雨中的花园、池塘和古堡。这座古堡建于17世纪，原本是丹麦皇家宫殿，是北欧现存最显赫的文艺复兴风格的建筑，有“丹麦的凡尔赛宫”之称。古堡与园林和池塘相邻，显得既庄重又秀美。这座古堡的历史最早可追溯到丹麦国王克里斯蒂安四世（1588～1648）时期，城堡供皇室成员夏季避暑。1722年，国王菲德列四世为纪念丹麦和瑞典两国实现和平进一步扩建，因此该堡又称和平宫。1878年后，城堡的一部分辟为丹麦国家历史博物馆，向国内外游客开放。

菲德列古堡

我去购买门票，集体票竟然每人只需要11欧元，而且一个领队和一个导游都可以减免。

古堡内部装潢豪华，有很多精美的皇室绘画和古董。我虽然在巴黎留学过，但对西方的古典艺术真的是近乎无知，只能走马观花地看看热闹，为大家拍照。不过，古堡内一个大厅天花板上的一头“神牛”让我永远都忘不掉：它的奇特之处在于，你无论在哪里观察它，它似乎都在瞅着你。

随后，我们又走马观花地在外围观看了哈姆雷特城堡，这座城堡的本名是卡隆堡宫，始建于1574年，宫殿用岩石砌成，褐色的铜屋顶气势雄伟、巍峨壮观，是北欧最精美的文艺复兴时期建筑风格的宫殿。在宫外院的墙上有一块莎士比亚的纪念浮雕像，相传当年莎士比亚就是以卡隆堡宫为背景写下了那不朽的悲剧《哈姆雷特》。

神奇的牛

离开哈姆雷特城堡，在一家中餐馆吃了一顿晚饭，便回到Skodsborg 酒店入住。实话实说，这是我两次来北欧、北极住得最好的一家酒店，符导游都说，这是他担任导游多年来，第一次带华人入住这里。酒店位于哥本哈根北部附近的海滩，靠近哥本哈根高尔夫俱乐部、鹿园和旧霍尔特庄园。酒店的整体外观是干干净净的白色，花园也错落有致，里面的设施一应俱全，服务也很周到。最重要的，就是它真的是毗邻大海。

15

第十五天

Day15

哥本哈根的一天

8月9日清晨，我五点多钟便自然醒来。以最快的速度，带上在海里游泳可能用得上的浴巾、浴衣等等，直奔海滩。

海滩上，空无一人，只有几只海鸥悠闲地飘荡在海面。太阳，也还没露头，但天已经大亮。太奢侈了，偌大的海滩，竟然只有我一个人，这在国内是不可想象的。我没有任何犹豫，脱去衣服，直接扑入大海。尽管是北欧，毕竟是盛夏，海水并不太凉。试探性地边游边探寻脚下的沙滩，有的地方生长着海带或者其他海草；稍远一点的地方，竟然是舒服的沙子。游出去六七十米远，才刚到没过头顶的高度，也没什么风浪。于是，我一个人，无拘无束地在这浩渺的大海自由自在地游着。一会儿，太阳露出水面，一瞬间便露出照耀的光芒，整个大海都沐浴在它的万丈光芒之中。

上午九点，整个队伍准时从酒店出发，坐大巴去看“小美人鱼”。众所周知，小美人鱼是安徒生童话《海的女儿》中的主人公，她为了获得人的灵魂和王子的爱，不惜忍受巨大痛苦，脱去鱼形，换来人形；可王子却娶了另一位公主，善良的小美人鱼最终跳入海中，化为泡沫。

1909年12月，由《海的女儿》改编的芭蕾舞剧《小美人鱼》在哥本哈根上演。丹麦嘉士伯啤酒公司的创始人雅各布森观看后，被这个凄婉的爱情故事深深打动。为了“让这个爱的化身永驻人间”，他拜访了当时著名的雕塑家埃里克森，两人一拍即合，决定制作一座“小美人鱼”雕像。埃里克森原本想请芭蕾舞剧的女主角普莱斯做雕像的裸体女模特。可高傲的她不愿意为制作雕像在男人面前赤裸身体；于是，埃里克森只好让自己的太太当裸体模特，完成创作。

小美人鱼

高1.5米的“小美人鱼”铜像于1913年8月23日完工。这一天也自然成了她的生日。她盘坐在一块直径约1.8米的花岗石上，每天听潮涨潮落，看人来人往，成为丹麦的国宝和著名的旅游景点。令人匪夷所思的是，如此美丽的小美人鱼铜像自建成之后竟然多次遭遇不测，头部和颈部都被歹徒破坏，甚至被推进海里和泼洒油漆，但每次又都被修复得完好如初。

关于“小美人鱼”东渡中国，符导游给我们讲了其中的原委：2009年5月丹麦首相会见达赖，引起中国政府的强烈不满和抗议，中丹之间的经贸往来骤然下降，这对这个北欧小国自然是巨大的损失。很多丹麦的大企业不断向政府游说和施压。于是，他们在2010年4月把“小美人鱼”连同其坐下的石头，一起运到上海世博园，这是“小美人鱼”铜像自“出生”以来首次离开自己的国家。

神牛喷泉

跟去年我造访“小美人鱼”时的情形极其相似，铜像前有很多游人。同学们兴奋地为她拍照或者合影，成都石室中学的王典还做出手托“小美人鱼”的姿态。我在较远处为同学们拍照，照看他们别被小偷袭击。欧洲的各大首都小偷都很多，而且尤其愿意对亚洲人下手，因为很多亚洲人出门都随身携带现金。

从“小美人鱼”铜像沿着运河的长堤溜达不一会儿，就到了神牛喷泉。这是一座十分美丽的雕塑，秀发飘逸的吉菲昂（Gefion）女神左手扶犁、右手执鞭，驾驭着四头神牛。四头神牛则是各具神态，奋力耕耘。整组雕塑栩栩如生，渗透着摄人心魄的力量。关于这座雕塑的典故，符导游专门介绍过：相传很早以前，丹麦人没有自己的土地，保护女神吉菲昂请求瑞典国王恩赐一块土地。国王答应了，但条件是女神只能在一个昼夜用四头牛在他的国土上挖，能挖多少算多少。女神便把四个儿子变成四头力大无比的神牛，奋力耕了一天，从瑞典挖了一大块土地移到海上，从此在瑞典留下一个烟波浩渺的维纳恩湖(Vanern)，而挖出来的土地就是丹麦的西兰岛(Zealand)。

换岗仪式

随即，我们到了哥本哈根的市政厅广场。正赶上身穿黑礼服、手持长枪的皇家卫兵换岗。我搞不懂他们各种仪式的含义，只是一路跟着拍摄。最好玩的是两个卫兵交接的那一刻，他们面对面，距离近得几乎快要鼻尖碰鼻尖了，嘴里还念念有词，估计是汇报有什么重要事件之类的消息。

广场的另一边，则聚集着很多摄像机和一大片人。我以为是在拍什么电影，后来导游解释：是三个议员要见王子，电视台在进行实况转播。

受时间的局限，我们在广场不能多逗留，继续乘大巴去哥本哈根的新港。新港是一条人工运河，完成于1673年，当时建造运河的主要目的是将海上交通引进城市中心，促进哥本哈根的经济发展。新港运河两岸的大多数房子是300年前建造的，是世界各国海员流连光顾的各种酒吧、餐馆；其中还有不少经典之所，留下了很多名人遗迹，包括童话大师安徒生。1834年至1838年，安徒生住在运河右侧20号的公寓，他在那里写出了最早的童话。李磊老师和我相约，先去造访安徒生曾经住过的新港20号。

我们沿着门牌号查找，快到20号的时候，远远地看见一位身穿红风衣、头戴黑高帽、手持长拐杖的老者，在新港20号前面慢慢地踱步。原来丹麦也有时空穿越，安徒生转世了。我们小心翼翼、礼貌地跟老者搭话，他十分友善地向我们介绍，当年的安徒生就住在二楼的房间里。我从他那里还得到另一个重要的消息：这个房子目前归丹麦的国家银行所有；外国的教授，如果跟丹麦的大学有合作，在哥本哈根可以免费住在这个安徒生曾经住过的房间。看来，我要争取跟丹麦的学者搞一点合作了。

新港的河道里停泊着很多木制的帆船，当地人坐在河边的木排上悠闲地聊天；运河两岸是彩色的房子，红黄蓝各色墙壁、白色的窗户、高高的烟囱、红色的屋顶，宛如童话世界。我们时间有限，无法坐下来慢慢品味，只好围着河绕了一圈，领略这古老建筑与现代文明有机结合的北欧风情。

在新港一家著名的琥珀首饰店买了一点小礼物，我提前十分钟抵达约定好的大巴停车地点。上车查人数，还差不少。陆续地，十一点半的时候，大多数同学返回到车里。我拿着小黄旗，往返两次到十字路口接人。最后，已经距离约定时间过了十五分钟，还差成都的5名女同学。于是我们决定“让她们打车”。我的想法很简单：第一，再等下去，将是没完没了，更多的同学将更不守时；第二，哥本哈根是个非常安全的小城市，出不了意外；第三，十六七岁的学生，可能很渴望叛逆，那就成全她们好了。后来，我收到蒋函君的一段文字，详细介绍她们是怎么度过这一段“惬意时光”的。

我与“安徒生”对话　李磊 摄

“

我们五个成都的女生在新港买纪念品耽误了太久，安徒生童话般的商店里温暖的氛围仿佛让时间停止，直到王典看了看手表，已经超过约定的集合时间五分钟了，那个小店离集合地点距离很远不说，我和张洛丹、袁青芮三个人都没有结账！我心想这下是完了，张教授一直就说想让动作慢的同学自己打的找下一个集合点，这样以后就不会迟到了。现在都已经过了五分钟，大部队肯定把我们甩在新港了。朱雯颖还抱着一丝希望，她说：“我想去看看，如果他们在那里我就给你们打电话，你们马上过来。”可是这个办法太不可取了，这样的话大部队起码还要再多等我们五分钟呢。各自心里都慌慌的，我提议直接把张洛丹、袁青芮还有我的钱一并付了，下来再还。谁知道我的信用卡老是刷不上，袁青芮的也不行！王典和朱雯颖才把她们仅剩的现金用完！

时间就这么划过，到了第四次袁青芮的卡才成功结了账，那个丹麦售货员待我们付了款之后，又慢条斯理包裹我买的杯子，我想这丹麦人动作还真是慢啊。再往四周看看，除了我们这五个心急火燎的女生，其他人都慢悠悠地逛着，可我们是真等不起的。售货员把购物袋递给我们时，不知道是谁大喊了一声："跑！"现在回忆起来那场景其实蛮可笑的，我们五个就在新港的码头狂奔，心里面祈祷着大巴别走啊别走。由于路程真的太长，中间停下来休息了几次。我们到达停车站时，还停着几辆大巴，但我们又记不得车牌！只记得车是白色的，只好转了一圈，观察司机是不是原来那个，结果一无所获。看来这次是正儿八经地被大部队甩掉了，我们迟到了整整十余分钟，只有自求多福了。

不一会儿，我就收到了李磊老师的短信，发来了中午吃饭的街道门牌号和时间，再无其他。言下之意"自己找过去吧"。

就这样，本来是坏事的迟到竟意外地开启了我们在哥本哈根的惬意寻路时光。开始的时候，我们挺着急的：打出租五个人肯定是要坐两辆车，每个人都要承担高昂的车费不说，出租车还不好找。于是我们的意见达成了：拿着地图走过去。朱雯颖自己带了一份地图，但是上面的标识很不清楚，半天都找不到吃饭的那条街道。她又转向大巴司机，准备去问路，我有了上次在奥斯陆问路的经历，十分喜欢挪威人，因为我问路的几个人都特别友善热情，其中还有人带我走了一程。我想看看这次丹麦人怎么样，那两个正在交谈的司机马上拿起朱雯颖的地图看了起来，另一个人转身上车找来了另外一份地图，这个地图很大而且把每一栋建筑的外观都做成了小图标，非常容易辨认。他给我们指了我们现在的位置和要去的位置，看起来特别远。不过就是沿着大路一直走再左转就可以找到的，我赶忙给地图拍照，害怕一会儿忘了。那个司机说直接把地图送给我们，我们很感谢他，最后还一起合照了，哈哈。

离指定的到达时间还有40分钟，时间还早，王典和朱雯颖提出要去银行换钱，我们余下的三个就商议着到对面的咖啡厅等着她们。结果到了约定的时间左等右等都不来，我们只好去银行找她们，门口的工作人员说从来没有见到过她俩，这下惨了，也没有联系方式。后来想想，哥本哈根还是很安全的，她们也知道路，我们三个为了不再次迟到就先走一步了。

就这样，我拿着地图当领队，张洛丹、袁青芮跟在我后面，边走边看。把自己想象成一个本地的居民，再加上和煦的阳光，心情非常舒畅。我看到地图上主干道旁有一个很大的公园，于是和她们商议我们从公园穿过去，不走大路。那两个找不到路的孩子当然也得跟着我来一次公园擦边游，因为我们不能走太深偏离主干道。从一个很朴素的铁门走进去，里面是大片的草坪，不少人躺在上面小憩，野餐，聊天，晒太阳，遛狗，骑车。在市中心能够有这么大的一片绿地让我非常羡慕。

公园里每隔几米就看得到一个印满了岁月痕迹的青铜色雕塑，大概环游了10分钟，我们从一条小路走出了公园，地图上标注得十分明确，任何一条弯曲的小径都仔细标明了，这为我们找路带来了极大的方便。出了公园，我按照那个司机的嘱咐，在看到绿色的塔顶前一个路口左转，转到这条街上时道路中间是一个正在修建的地铁站，一点不差。远远地就可以看到目标建筑旁边的大楼外面巨大的FONA标志，我想着我已经成功了百分之七十了，马上就可以到饭店。再看后面，原来我把那两个欣赏街景的小伙伴甩得老远，只得停下来等这两个走路极慢的“北欧”少女。

12点30分，我们顺利到达了约定的大楼，接下来就是去找14号门牌，可是我们花了整整10分钟绕着大楼走了一圈都找不到14号，只有1到12号！这下又让我挺着急的，14号在哪儿呢？张洛丹、袁青芮这两个孩子是一点也不急的，她们相信我这个带路人，只管跟着我走。

终于、终于，在绕完这栋大楼还一无所获时，她们两个突然说，对面那家中餐馆就是我们昨天吃的那家嘛！我一看，正是！门牌14。原来在另外一栋大楼啊，这就是地图的不对啦，没有标识清楚，不过找到了就好。我们在12:40圆满到达目的地，还赶在了大部队之前，心里还是挺自豪的。这是我北欧游第二次自己找路，比上次在奥斯陆拉着旅行箱狂奔有更加充足的时间，和更美的风景、更好的心情。遇到那个热心的司机，收获了这惬意的40分钟寻路时光。

不过想想当时在新港狂奔的窘迫，下次还是跟紧大部队吧，别再迟到。

”

中午，在前一天吃饭的中餐馆，我们品尝了中国人做的丹麦特色经典餐——炸猪排。其实，这道菜的做法也很简单，就是一大块口味偏甜的猪排，和几块炸土豆。味道倒也不错，我只是有点担心杜伯超可能会吃不饱。

吃完午饭，大巴把我们送到距离步行街不远、运河河畔的一个广场。约好五点钟集合，所有人便三三两两自由组合地开始逛街和购物了。我到国外喜欢看旧货，总渴望能淘到点什么宝贝。导游跟我们讲，左边的步行街是旧货，右边的是知名品牌的新货。我于是毫不犹豫地到左边溜达。走了一条街，又是一条街，我感觉所说的旧货只是一些打折的服装和纪念品店，根本没有我所渴望的跳蚤市场一类的老枪、陶瓷、钟表之类的东西。于是，我便无聊东拍拍、西照照，街上唱歌、杂耍、行为艺术的东西还是蛮多的，我因为在欧洲呆过，也没什么大兴趣，便在拐角的一家餐厅坐下，要上一杯白葡萄酒，听几个歌手在敲打弹唱，看街边的景色，回味自己二十多年前的留学生涯。

转眼，距离约定的五点钟还有不足一小时，我决定到停车的地方看看情况。到地方一看，空无一人，连巴士车也还没到。我于是决定再到旁边转转。看到一家冰淇淋店，便买了两个球，坐在座位上边吃便晒太阳，同时也能看到回来的同学。

第一个从我面前走过的是张一苇和茅圣轩，这两个同学长得很像，都是很高、很瘦、很干净、很帅气的那一类。两个人边走边聊，没看见我，我也没打扰他们。随后是北京的三个小伙子，他们是形影不离。我远远地喊了他们一声，他们于是朝我走来。三个人，好像每人都买了一双球鞋。任午阳的头上还多了一顶白色的帽子，配上他的墨镜和高瘦的身材，酷！

距离约定的五点整还差十几分钟，我吃完冰淇淋快速到了车上。一清点人数，还少几个。于是大家开始相互发短信或者电话联系。最后，还差两个同学。我让有他们电话的同学询问，得到的消息是他们以为是五点十五，而且正在往回赶。时间在流淌，车上有人建议让他们也“打一次出租车”，我说行。就在这时，看到两个熟悉的身影朝巴士的方向奔来。情急之中，他们竟然跑到运河的另一边。我急忙跳下车，喊住他们，示意他们沿正确的方向回到车上。

回到中午吃饭的餐厅附近，那里有两个大玻璃房子，里面卖各种吃的东西包括熟食。听导游讲，这里的管理非常严：想在这里卖食品要查爷爷那一代到现在，有没有出售过不符合标准的东西，如果没有才能进到这里。我觉得这对中国是大可以借鉴的：如果自己卖不健康食品，儿子孙子都将会受牵连，可能对很多人会有威慑。

导游在车上给每个人退了120克朗、相当于17欧元的餐费，让大家自己选自己喜欢的食品。我则是去买了几瓶葡萄酒和香槟，还有几盘子混合的色拉、寿司，让孩子们在北欧过十六岁的成人礼。说到钱，我心里很不爽，我们给地接公司的钱是按照每人每餐25欧元的标准，看来他们是克扣了不少。我把这些信息反馈给俊鹏，由他去理论好了。

同学们三五成群地吃完了这顿松散的晚餐，也不知开心不开心，六点四十分，我们只能上车往回走了。因为前一个晚上，给我们开车的司机晚回去半个小时，今天她是明确表示只能早不能再推迟了。

回到酒店，我躺在床上整理照片。过了大约一个小时，想起孩子们可能会到海里游泳，不放心，便决定去海边看看。果然，在不远的地方，就看到码头上的人，并听到嘻嘻哈哈的中国话。走上码头，十几个同学在水里嬉戏，另外的几个在码头上。李老师看到我来了，就说现在放心了，刚才告诉同学们不能游得太远。我在早晨就已经下了水，知道海底很平，也没什么大浪，但也不希望同学们游出去太远，因为我的水性自己游泳倒还没什么问题，若是遇到紧急情况在海里救人，恐怕还没那么大能耐，尤其是面对那些一米八多的同学的身高和体重。

还好，同学们都很谨慎。他们的欢乐，也记述在成都七中邓茜戈的笔下：

“

“此行，我们之前并未想到还有游泳这一出，所以游泳的装备都没有带；大家只好挑出短裤短袖将就着游了。虽然不是第一次在海里游泳，却是第一次同这么多小伙伴在一湾波罗的海的水中游泳，这是我之前从未想象过的疯狂。幸而酒店提供有长浴巾和浴衣，准备好这些，几个人便一路笑着跑向海滩。由找得着路的孩子带队，我们这个“女生小分队”很快就到达了游泳处。

此时，长椅上摆好了寿司，是李磊老师犒劳大家的。而水中已有许多同行的人了。女生们一致都将头发盘起，而男生们的头发在海水的浸泡后造型各异，让人捧腹。遇见先一步到达的几个男生。他们二话不说放好浴巾就抓着扶梯下去了。而女生下水就显得更为小心谨慎了，总要一步一步慢慢下去，在最后一个阶梯稍作停留，鼓起勇气一点一点滑进水里。我下水也不例外，只是由于次序靠后，先下水的几个小伙伴见我停在了最后一阶，毫无预兆地向我泼水。一波水花打来，舔舔嘴唇满是盐的味道，海水的温度也让我不由叫冷。之前问他们海水冷不冷，一个个都说不冷不冷，这下浇个透心凉，我便大喊："谁说不冷的！"即便是这样，小伙伴儿们仍然不肯停止泼水，我只好一股脑钻进水里躲避水花，可刚一缩进水里立马站起来，也不管脚下海藻的凹凸，直叫冷。他们笑着说，游一会儿就不冷了。我立马开始游，越过海藻众多的区域，踩在一块柔滑的沙地中，那触感比起海藻不知好了多少倍。

就这样，在这个疯狂的决定下，我和小伙伴们嘻嘻哈哈游到筋疲力尽。裹上浴巾的那一刻，我们笑了，那是前所未有的如释重负。这次的行程真的让人难忘。不在于我们到底看到了什么，丰富了多少百度都搜索不到的知识，重点在于，到了现在，乃至许多许多天、许多许多年以后，回想起当日的种种，我仍然会为自己疯狂的决定感到骄傲。因为我正和一群曾经陌生的同龄人，做着自己以前都不曾想过的事。人生能有几次疯狂？平日的生活都被我们掌握在手中，而此次，我们与一些美景不期而遇，我们的生活充满了未知。它激起了困在单调生活中的我的热情，我终于看到"走出去"的快乐。

”

16
第十六天
Day16

糟糕的莫斯科机场中转，回家了

8月10日早晨五点多钟，我来到海边，远远就看到几个穿着我们衣服的同学站在码头上。不想让他们看到我在海里游泳，便走到大约百米开外的另一个码头，三下五除二脱掉衣服，跳入海中。

其实，对清晨、大海和太阳钟情或者眷恋的人一定很多，成都七中的邓茜戈这样记述自己清晨在海边看日出的全过程：

“

Skodsborg酒店临海，是绝佳的看日出的地点。第一个早晨，虽然起得较早，但是无奈太阳比我起得更早，当我艰难地从梦乡中挣脱，拉开房间的窗帘向海边望去时，太阳已经升得比较高了。到餐厅匆匆吃早餐，全西式的早餐让我意识到面包和水果真是两样最好的东西。因为餐厅大多是玻璃落地窗，哥本哈根的日光也就毫不困难地流泻了进来，照得整个餐厅十分明亮。吃完早餐，兴高采烈跑到露天的地方照正在缓缓往上爬的太阳公公，作为没有看到日出的安慰。

蹭酒店的WIFI，发现有同行的孩子发了海边日出的照片，于是跑去询问，得知太阳大概5:30露出海面。无论如何都是不会再错过明早的日出了！这将是最后一次看这里日出的机会。

上床之前上好闹钟，在蒋函君的再三叮嘱下，又是加大音量又是开启振动，把手机附属功能翻了个遍，确定没有可以再加的方式了，便入睡了。

哥本哈根时间4:00，闹钟准时叫了。不得不说，又是铃音又是振动的闹铃果然有天下第一的叫醒作用，把我和蒋函君在同一时间唤醒了。蒋函君似乎很有准备的样子，在听到闹铃后迅速起床、洗漱、收拾。当然具体的步骤不得而知，因为当她在进行这些事情的同时，我还困顿地窝在单人床上迷迷糊糊。当她已经收拾妥当，发现我还没有起床，于是开始催我。在此刻，感谢蒋函君，没有你的叫醒，我怕是又要抱憾了！

迅速起床、洗漱、收拾收拾行李就要准备去海边了。4:30的哥本哈根还有些冷，我套上风衣仍然有点哆哆嗦嗦的。在酒店门口和张洛丹、袁青芮会合，4个人一起走向海边等待日出。

一路走一路拍，就像谢琳萱说的，在这里随便一拍都是高质量的照片。4:30的天空只有东北边透着一点点暗红，裹在有间隙的云层里。走到小桥上，四个人两两分组分别坐在扶梯两侧的木台上，双脚悬空，可以随便晃动。

到了五点多，李磊老师和她的女儿格林妹子也来等候海边的日出。向格林穿着短袖，在海边没坐一会儿就冷得哆嗦，便向她的妈妈借外套。虽然李老师嘴上说着不借不借要让向格林尝尝不听话的后果，但最终还是和女儿一起披着外套看日出。伴着愈来愈亮的天光，愈来愈多的海鸥，愈来愈不平静的海浪，虽是个局外人，我仍然清晰地感受到母爱的气息。一瞬间，仿佛看到了自己的妈妈。

在室外时间越久，越觉得身上寒冷了。袁青芮坐在我左边，虽然也冷得不行，却拿出手机开始玩起了自拍，她告诉我，她妈妈让她多自拍点儿照片好拿回去给她看。拍了一阵，接到了她妈妈的电话。真让我开始怀疑，今天的太阳一定是被母亲宠惯了的。几近五点一刻，袁青芮突然学起了海鸥叫。她研究的课题便是北极的鸟类，熟知声音倒不奇怪，只是她告诉我，她要用叫声把它们吸引过来。

我笑了。在这样寒冷的时光里，有这样的朋友在一边自娱自乐，也是个让周围人笑意浓浓的时刻。

时间慢慢平移。很慢，很慢。5:30左右，李老师说，昨天的孩子们就是在这个时候看见太阳从海面升起的。可是那一天的这个时候，海面以上很高的一部分全被青云统治，把太阳的光挡得严严实实的。我们只好继续等待，等待。等待过程中，来来去去了多少人。我却一直坐在老位子上，不时站起来跺跺脚来暖和身子。我一定要看到日出才不虚此行！我心里这样想着。此时此刻回想起来，当时当真是固执啊。

终于，又一次，皇天不负有心人！当我看到那一层厚厚的青云上现出了几丝光芒，便兴奋地举起相机开始拍照。太阳一步一步缓缓挪动，仿佛用力想挣脱乌云的束缚。我就这样看着它，一步、一步，慢慢上移。最后，它终于完全挣脱乌云的束缚。自此之后，它便更加放肆地闪耀着它的光芒，像是决战后春风得意的胜利者，露出了得到久违胜利后

这个海边宾馆，真的不错

的激动的笑。

太阳越来越高。我实在受不住寒气了，便和同伴一起返回旅店。返程的途中，拍远行的太阳、被朝阳包裹的变得柔情的树、仍然在桥上守望的人的剪影。人与自然在此刻显得那样和谐。天地在此刻都变得那样可爱。让人想起余秋雨的那句：“有这样的天，地才叫地；有这样的地，天才叫天。”

在宾馆不紧不慢地吃罢早餐，我提前二十多分钟便到达大堂等待。陆续地，同学们带着行李，交上钥匙，开始上车。九点过五分，成都的两个女学生打来电话，她们会晚几分钟。我回到楼里，迎面遇到了这两个同学。再回头点人数，还缺两个上海的男生，赶紧打电话，竟然关机，好在余思易知道他们的房间，他跟我一起跑进房间，我有点诧异了：两个学生竟然还在床上睡觉，地上铺满了行李。奥斯陆的一幕再一次上演。余思易急忙帮两个学生把大的行李拉上车，他们两个背着背包下来，我在大堂把钥匙一交，大家一起跑上车。再看时间，已经是9:25，比约定的九点钟晚了很多。我们的飞机起飞时间是12:25，还有十多个人需要退税。我在车上，用话筒发通知："如果在机场的时间不够的话，就不办理退税了，从迟到的同学的尾款扣除补给大家。"我的话，有真实的成分，也有吓唬他们的意思。

开车的过程中，收到导游夫人的电话：她在机场等我们了，我告诉她可能会迟到一些，让她准备好以最快的速度带我们去退税和办理登机手续。

到了机场，队伍分成两部分：办理退税的去窗口，不办理的稍微等候。我因为买了一个将近千元的琥珀，所以去办理13%的退税。就在退税的窗口排队的过程中，一个黑皮肤的亚裔男子跟我前面的一个人搭讪。我听到排在我前面的不清楚国籍的人说道，你要是办理退税的话要到后面排队。那个亚裔黑皮肤说有点事情想咨询一下。我一下子意识到，这个黑皮肤很可能是小偷，因为要是咨询的话，可以去问讯处或者窗口，而不是插队搭讪。排在我前面的这位，应该也是很有旅行经验的老手，直接拒绝了黑皮肤；我则是冷冷地看着他。他跟我的目光对视了一下，可能看得出我对他的警觉，便直接走到一位成都同学的旁边，开始搭讪。我一看便急了，直接用英语对他说："这些学生都不会英语，你有事不要问他们。"他对我的话，竟然不予理睬。我于是告诉导游夫人："你请他远离我们的学生，到后面排队。"导游夫人上前跟他短暂地沟通，我也一直注视着他，他意识到没戏了，也不到后面排队，竟然毫不掩饰地径直地走掉了。我把这段故事告诉给刚才那个同学，他竟然还一脸茫然不知发生了什么。

办完退税，我快速地跟没有退税事务的同学们会合，办理行李托运。这时，竟然又出了问题：给余思易办理手续的人看来是没经验，余思易登记的名字跟护照上有错，但我们有一个更正的文件，我把文件递给他，他反反复复地查，就说系统里没有余思易的名字。问了隔壁办手续的人，似乎没搞定；又找来俄罗斯航空公司的人。我告诉他，不要查名字，直接查护照号。但他好像就是搞不懂，折腾了十分钟，终于想到把电脑显示屏转过来让我看，我看到一个YU字，让他查护照号，结果一对就对上了。看来啊，中国人的事，外国人还真的难搞定。

过了安检，按照指示走到一个检查护照和登机牌的关口。又出问题了：李老师手里拿到了北京一个同学的登机牌，原来是成都的同学在地上捡到的。我的手机里还没有这个北京同学的电话，一问，其他人也没有。我于是马上给俊鹏发短信，就在来来回回短信的过程中，那个丢失登机牌的同学和另外两个伙伴晃晃荡荡地走过来了。我递给他登机牌，问发生了什么，他竟然告诉我口袋漏了。我心想：不会吧，你老爸老妈不会让你的口袋破损到把登机牌都漏出去的程度吧。

飞机晚点起飞将近一小时，而这次延误跟天气一点关系都没有，只是因为装行李多花掉了时间。而他们为什么不能早点办理手续和行李托运，原因竟然是人工成本太高，提前一小时要多支付工资。如果长期如此，总是延误的话，谁还愿意乘坐这样的飞机呢？看来，欧洲的问题，还需要先从每个人的心态上解决：既要享受高福利，又不想多干活。这似乎是不可能的事情。

飞机起飞，大约两小时后抵达莫斯科机场——这个最近吸引了全世界眼球的地方。我们抵达机场后，离下一班飞行还有大约三个小时，告示板上竟然没有任何关于我们航班SU208的信息。大家都很茫然，不知该到哪里集合。不过这也好，给学生们自由购物和闲逛的机会了。我则是快速地到免税店买了点自己喜欢的东西，随后找到一家俄式餐馆吃点东西和上网。过了一个多小时，距

离登机只有一个多小时的时间，还是没有任何信息。一个同学来问我，我也有点着急了，连忙收拾起电脑，寻找问讯处打听情况。走了半天，竟然没发现问讯处在哪里。于是随便找到一个登机口询问两个工作人员。她们还不错，在系统里一查，说是F47登机口。于是我举着旗帜，告诉遇到的各位同学并请他们相互通知。

到了F47，门口只有很少的几个座位，卖小食品的地方倒是空无一人。我于是买了点水和小吃，实际上算是买位置。同学们很快聚拢过来。把行李聚集在一起。但F47的门口始终没有工作人员。

过了一会儿，两个上海的学生说广播里通知登机改在32号口。我没听到，也搞不清楚真假，于是便去探究。走了大约十分钟，到了32号口，一问工作人员，根本不是去上海的。急匆匆地赶回来，还是没有任何信息，这时距离登机时间已经不足一小时，我真的无语了。回到F47号口，有同学告诉我，说F47的工作人员说变到了F42号口。既然是工作人员说的，那应该是正确的吧。我们于是集体迁移到F42，这时终于看到了SU208的字样出现在F42上边的电子显示屏上。

F42门口，已经过了登机时间二十分钟，两个当地的女工作人员站在柜台后面，始终没有任何通知。我站在比较靠近她们的位置，用英语问道：“究竟出了什么问题，你们能否告诉我们一声？我们对你们的服务很不满意。”一个工作人员似乎也不满意我的问话，板着脸回复道：“有点小问题，快了。”我搞不懂她说的快了意味着十分钟还是一小时，索性找了一个较远，但能看到台子的位置坐下休息。又过了大约十分钟，终于看到人流在移动，我们于是逐个登上了飞机，比预定时间又晚点将近一小时。

俄罗斯航空公司，看来真需要提高服务质量了。

经过九个多小时的飞行，中国时间8月11日中午，我们终于抵达上海，回家了。在机场，又出了一点小状况：余思易的采样箱子被安检人员给扣留了。我听到这个消息，急忙去交涉。我看到一个小狗刚刚嗅完余思易，我急忙上去询问发生了什么。那个检察人员询问里面装的是什么，我说是北极冰融化之后形成的水。他问有没有血液、植物等等东西，我说肯定没有。他还在继续询问，我于是告诉他我是华东师大的教授和院长，我可以保证。看来这话还是起了作用，他把采样箱交给了余思易。

大家最后一次集合，真有点难分手的感觉。我给大家讲了四点：第一，你们都是佼佼者，能在16岁，甚至12岁到北极，是一个令同龄人刮目相看的事情；但同时也别忘了，这是你们父母的付出，使得你们才能够有这样的机会去北极旅行，别忘了向父母表示感谢；第二，任何人想做科研课题，可以随时联系我；上海的同学想做分子进化的，可以到我的实验室；第三，我们将要组织一本新的关于此次北极科考旅行的书籍，任何人想成为作者，必须在一个月内提交自己所写的文字和照片；第四，成都的同学还有一段旅行，希望上海、北京的同学跟成都的同学打个招呼，说声再见。

带着这支不大不小的队伍，我们走出机场。看到一个个家长在门口翘首以待，我长舒了一口气，心想：我把你们的孩子带走十六天，完好地交还给你们；这十六天，对他们的一生，都可能会有重要影响。

后记

Epilogue

2012年暑期，我带领华东师大二附中七个同学去北极做科考，回来后丁宁、吴眉的论文获得上海青少年科技创新大赛一等奖，黄奕玮的论文获上海市生命与自然科技创新奖。

后来，我们一起出了一本游记《带着学生去北极》。丁宁的一段话，成了这本书的“广告语”：

“寻找北极，寻找的不一定是北极。有些事情如果我今天不想，明天不想，以后我可能便真的不敢想了。当我长大，为了工作而忙碌奔波，偶尔休一个年假，我是否还能有现在的满腔热情和企盼，到儿时向往的极地或是险滩？我希望我，无论经济困窘还是家境殷实，无论是否被岁月磨去棱角，都能带着一丝坚持和笃定，带着寻找北极的梦，不抛弃，不放弃，走下去。”

2013年暑期，随我一起去北极的，有更多的同学，于是也便有更多的感悟。成都七中的邓茜戈这样写道：

“庆幸做出去北极的这个决定！

“起初是带着一丝不确定出发的。先是不确定到底要不要冒这个险，随后又不确定自己的课题，再随后是不确定斯瓦尔巴德群岛是否允许采样，还有不确定上海、北京的孩子们会不会排外……总之，焦虑无限。

“复杂繁琐的签证手续办得大家心里烦躁，甚至会说出‘早知道这么麻烦就不去了’之类的话语。回首，倒有几分庆幸。也是北极之行逼着我这个向来懒散讨厌做选择的人一鼓作气确定了那么多事。说到底，北极之行改变了我。我用十个字形容此次北极之行：‘行走在过去，穿越到未来。’

“‘行走在过去’，首先是因为北极时间比北京时间慢6小时；反之论及‘穿越到未来’，亦是这个道理。然而这十个字却有更深的含义。在我们选择背上重重的防水包、拖着大个的行李箱的同时，我们也选择了更寒冷的天气、更高的纬度、更古老的世界。当我们坐在橡皮艇上，行驶在浩瀚的北冰洋时，周围只有单调的蓝、白、灰，除了海水就是灰暗的天空，偶尔有几只飞鸟站在浮冰上，那是一种‘独钓寒江雪’似的孤绝感。就像是倒退了好几个世纪，我们是生活在茫茫北极的独行者，过着与猛兽搏斗的日子，却能在死后灵魂飘到上空时看到同行人为自己垒起的石堆，看见插在上面的十字架，然后静默地笑。

“北极是一个古老的世界，没有城市的高楼林立，亦没有乡村的田园风光；没有金钱的争夺、权力的斗法，只有物竞天择和适者生存。我们在冰川上一步步小心地行走，眼前白茫茫一片，稍有不注意就会滑倒。这一幕留给人最深的印象，从而教会我们生的不易。从北极带来的生命的领悟百转千回永不腐朽，我在这里有了人生迄今为止最深的体悟。

“海精灵号的船员给人以深刻的印象。当橡皮艇遇到大风大浪无法靠岸、船上的我们惊慌失措，或者有人通报附近有北极熊在游泳时，开橡皮艇的船员依旧淡定，用许多方法让我们的心平静下来。后来想想，他们的从容与临危不乱是多么令人肃然起敬。船员们有男有女，让我不禁诧异女船员宁可不在意自己的容颜也要到海上漂一漂。和朋友们讨论过这个话题，后来顿悟：她们是真

心地热爱自己的这份工作。

“或许一些人的性格就像北极燕鸥一样，在别处是弱势、不被认可，所以它们便跨越茫茫北回归线，并且一路北上，不顾严寒与风霜，经历多少代的努力终于骄傲地活在北极的普天之下。它们都拥有生存下来的执念，这让我为之感慨。执念，一个多么遥远的名词。当我们生活在单调得可以一眼看到未来的日子中，我们波澜不惊，是因为已经麻木。我们没有生存下去的执念，便任凭命运的摆弄。而北极的种种，让我深深地感受到执念的力量。我将凭借心中的执念跨过一道道只能一个人过的坎。

“就像课题。这次北极之行获益匪浅，暂且不说明白了科学探究的方法与科学研究的精神，单是课题本身便让我受益无穷。透过一个个课题，可以看到同行的人们为之所付出的努力。开课前各处奔波。成都不像上海，没有专门的极地研究所，对这一切毫不熟悉的我们要凭借所有的力量去找导师。费尽心思找到导师后，便是复杂的开课计划。又要准备各种要带去的仪器设备等等。一整件事算下来忙活了很久很久，途中甚至让人想要放弃。给第一位专家发出电子邮件以求得指导，只可惜那位研究植物在逆境中的特点的专家学者在国外度

假，好心的他给了我另一个研究员的邮箱，我继续询问，只可惜那位研究员在野外，之后发出的邮件便也像石沉大海一般。中途也想要放弃，可看到大家都在为之努力，我便鼓起勇气继续做下去，不管是否有结果，都要尽力一试。机会是留给有准备的人——这句话我到现在才真正明白它的实际意义。不会有天上掉馅饼这样的好事，一切还要靠自己打拼。

“如今回家，当亲戚朋友们问及在北极都看到了什么、知道了什么，我会耐心地将拍摄的照片一张张给他们看，让他们体会到我们每一天的欣喜与期待，告诉他们每一天的行程与见闻。然而，如今我还能清晰地记得，当十年二十年，甚至半个世纪过去呢？当我老得只能喝粥的时候，我怕是早已记不清此次北极之行的细枝末节。我能记住的，也就是北极之行真正带给我的触动——和一群曾经陌生的同龄人，做着之前想都不敢想的事情。每一天都是未知的旅程，让人期待，尽管有时会灰心、会难过、会失望、会感伤，但我们仍然度过了。和来自不同城市的孩子，近乎疯狂地在青春中放肆。我们一起在深夜，裹着朗伊尔宾极昼的日光组成‘夜宵小分队’找食物；从船上跳到冰冷刺骨的北冰洋拥抱浮冰；不顾海藻的纠缠一群人跑到波罗的海游泳；不顾早晨的寒意四点钟起床跑到海边等候日出……这些都是暑假里埋头读书的孩子们永远不曾体会的青春的力量。趁着年轻，让人生疯狂几次，有何不可！

“只希望很多很多年后，当我再翻开当时的相片与文字，我会倍感欣喜。有什么比回顾人生时不会抱憾更令人感到欣慰呢？北极，感谢你！”

华东师大二附中张敬庭的感悟，则是从另一个角度：

“周围不论去过北极的，还是没去过的人，都说北极之旅好，说这种行程会让人获益匪浅，会对孩子的一生都有影响。那么北极行真正对我们的影响在哪里？它又是如何来影响我们的一生的？这是我回来之后一直在思考的一个问题。

成都七中
High School No.7 Chengdu
中国户外探险联盟
www.casemeet.com
上海

比比谁的旗帜大

“我想，一个人每一次内在的真正改变，那种让人感觉焕然一新的改变，其实都是一次由内而外的升华。但一个人不可能会平白无故地被改变，那么，这种彻底的改变是从何而来的？我认为是深思，是对生活、对人生、对自我的一次深思。可能许多人会说：‘我平时想得挺多的呀，好像也想得挺深的，怎么好像都没什么改变？’我要说，其实这些思考都是泛泛的，没有真实的意义，没有真正地深入心底。真正的深思要有它的机遇，当你真正去经历时，你会发现，以前的那些甚至只能叫随便想想，连思考都不能算。

“那么，最能激发一个人深思的是什么？是阅历？是环境？是心情？我觉得都不到位，最重要的，是不一样的心境。在一个人日复一日的生活中，一切都似乎是那么枯燥，那么平淡。重复了百遍千遍甚至万遍的东西很难让人有所启发，有所改变。而在北极行中，生活完全是另一个模样。没有了父母的约束，多的是身边陌生但亲近的同龄人；没有了各种琐事的困扰，多的是一份无拘无束的自在；没有了城市的繁华与喧嚣，多的是聆听大自然的安逸与宁静。置身于一个充满未知的世界，人们自然而然就会有许多思考，他们会将它与平时的生活作比较，会思考那些以前觉得理所当然的事情。

“北极行，它让人从心底改变对一些事物的看法，改变对生活的见解，从而改变一个人的心态，改变他的一生，也许这就是北极之旅的意义所在吧。

“当然，不是每一个人都有机会去到北极或是其他一些远离城市的地方。也许他们需要学会的，就是改变心境，要对事物充满热情。感谢这次北极行，它不仅仅让我开阔了眼界，不仅仅让我结识了许多新朋友，更是因为这次北极行，我有机会真正深入地去剖析自己，真正地有所思，有所想，有所领悟，有所改变，有所爱。”

在本书付印之前，我陆续得到好消息。沈泽源的父亲这样写道：“北极对于孩子犹如航天对于国家，影响是长远的。上个月沈泽源在上海市中学生海洋知识竞赛中获得高中组一等奖，其中关于北极的描述，为他增色不少，《上海中学生报》还为他做了一个整版的专访。”邓茜戈、蒋函君则告诉我：“张老师，我们两个关于北极植物课题的论文，都获得了成都市青少年科技创新大赛一等奖。”我相信，这些都只是开始，北极科考的成果还将不断涌现。

高靖又发来一首题为《追忆北极》的诗，我把它放在书的最后，供大家细细品味：

北上，为了儿时的梦想；
探寻，那片广袤的冻土。
海精灵，承载着我们的使命，
离开了郎伊尔滨，
去往那无数人向往的冰原。
在这冰与雪的世界里，
汹涌的波涛，
阻挡不了我们前进的步伐。
怀着憧憬与希冀，
我们踏上了神奇的北极。
你无私奉献给我们的，
不仅是为了完成课题的采样，
还有那一幕幕令人动容的景象。
呼吸冷冽的空气，
遥望无垠的沧海，
感受壮观的冰川，
赞叹坚毅的生命。

冰块漂浮在水面，

海鹦展翅在峭壁，

北极，

见到你是我一生的幸福。

你在我记忆中，

已不仅是一个片段，

而是一段永恒的回忆。

你隐藏在白色面纱下的秘密，

也将保留成我美好的回忆。

希望有一天，

这份回忆能指引着我，

重温你那冰冷的怀抱，

带领着我们，

再次驶向世界的尽头——北极。